생명 교향곡

달팽이 박사 권오길의

사계절 생명 산책

생명
교향곡

권오길

사이언스
SCIENCE
BOOKS
북스

주자십회훈(朱子十悔訓)의 첫째가 불효부모사후회(不孝父母死後悔)다. 부모에게 효도하지 않으면 돌아가신 뒤에 뉘우친다는 풍수지탄(風樹之歎)이고, 여섯 번째는 춘불경종추후회(春不耕種秋後悔)라, 봄에 씨를 뿌리지 않으면 가을에 후회한다고 설파하였다. 옳으신 말씀! 모든 게 때가 있는 법이다.

요새는 밭 갈고 씨뿌리기에 눈코 뜰 새 없다. 손바닥만 한 밭뙈기가 나에겐 버거워 한바탕 쏘대고 나면 허리가 내 게 아니다. 그러하나 푸성귀도 뜯어 먹고, 몸 운동하며, 때론 글감을 줍기도 하니 일거삼득이다. 사실 밭에 사는 것이 몸뚱이 운동이라면 글쓰기는 영혼의 진력(盡力)이렷다. 밭갈이는 짬 내 하는 일이고, 대부분은 글쓰기에 참척한다. 몸이 예전만 못해 걱정이지만 닳아서 없어질 때까지 쓸 것이다.

한 줄의 생물 글귀를 쓰자면 대상을 세세하게 속속들이 가까이에서 들여다봐야 한다. 근래는 오징어다리(脚)에 붙은 똥그란 빨판(sucker)들을 돋보기로 들이대고 하나하나 만지작거리며 살폈다. 큰 것은 지름이 7밀리미터나 되었으며, 빨판 끝자락에 삥 둘러 난 낚시미늘 꼴의 갈고리가 적게는 17개, 많게는 26개나 촘촘히 났었다. 또 얼마 전에는 솔방울 비늘이 물 먹으면 닫히고 마르면 열린다는 '솔방울 효과(pine cone effect)'를 쓰려고 비늘 하나하나를 세었더니만 평균하여 솔방울 하나에 100여 개가 달렸더라. 그뿐이 아니다. 밤송이를 주워 밤 가시를 헤아려 보니 물경 3,000여 개나 되더라. 동심을 뜻하는 호기심 없이는 자연을 제대로 보고, 읽지 못한다. 이렇게 글을 쓰면서 궁금증을 풀고, 몰랐던 것을 알아 가는 재미라니……. 그들과 같이하는 시간은 늘 더없이 행복하다. 그렇지 않았다면 그냥 그러려니 하고 흘려보냈을 일들이 아닌가. 쓰면서 배운다. 자연으로 돌아가자!

이 책은 네이버(Naver)의 '생물 산책'(네이버캐스트)에 3년간 쓴 것에다 조금 보탠 것으로 세밀화까지 곁들였다. 더할 나위 없이 좋다. 먹물에 찌들려 살면서 닭발 그리듯 긁적긁적 끼적여 놨지만 열독하여 자연 이해에 도움이 됐으면 한다.

차례

들어가는 글 5

봄

식물의 생존 경쟁,
알레로파시

　비목(碑木)에 수액이 흐르고 석불(石佛)에 피가 흐른다는 봄이 어김없이 왔다. 올해도 봄에 들면서 여느 해처럼 공연히 마음이 설레고, 딴엔 발길이 바빠졌다. 뒤꼍의 텃밭을 일궈 남새라도 좀 뜯어 먹자는 시시하고 쩨쩨한 심보이겠으나, 실은 깡 촌놈의 피를 못 속여서, 뭔가 심어 키우는 재배 본능이 발동한 탓이다. 밭의 속흙을 갈아엎어 놓고 한 발짝 물러나 흙살을 살펴본다. 촉촉하게 물기 밴 보들보들한 토색(土色)에 눈이 홀린다. 그런데 마른 흙에선 향긋한 흙냄새가 풍긴다. 세균(주로 방선균)들이 거름을 분해하면서 풋풋한 냉이 냄새·인삼 냄새 비슷한 냄새 물질인 지오스민(geosmin, earth smell)을 낸다. 알고 보니 토양 세균이 풍기는 냄새가 곧 흙냄새다.

　밭에 심은 채소들이 띄엄띄엄 나 있으면 바랭이(볏과의 한해살이풀)나 비름 따위의 잡초가 쳐들어오지만, 배게 난 열무나 들깨 밭에는 엄두도 못 낸다. 그리고 촘촘하게 심어 놓은 열무를 마냥 그대로 두면 튼실한 놈이 부실한 것들을 서슴없이 짓눌러 버리고 몇 놈만 득세하여 성세를 누린다. 먹이와 공간을 더 차지하려고 약육강식, 생존 경쟁이 불길 같다. 동물들도 하나같이 넓은 공간을 차지하여 더 좋은 먹이를 얻어서, 여러 짝과 짝짓기를 하여 더 많은 자손을 꾀하고자 그렇게 죽기 살기로 으르렁댄다. 풀이나 나무라고 동물과 다를 바 없다.

이렇게 식물들이 뿌리나 잎줄기에서 나름대로 해로운 화학 물질을 분비하여, 이웃하는 다른 식물(같은 종이나 다른 종 모두)의 생장이나 발생(발아), 번식을 억제하는 생물 현상을 알레로파시(allelopathy)라 하며, 우리말로는 타감 작용(他感作用)이라 한다. 그리스어로 'alle'는 '서로/상호(mutual)', 'pathy'는 '해로운(harm)'을 의미한다. 아무튼 이 같은 보통 고등 식물 말고도 조류(algae)·세균·곰팡이들이 내놓는 화학 물질을 타감 물질(他感物質, allelochemicals)이라 하며, 그것의 본바탕은 에틸렌(ethylene)·알칼로이드(alkaloid)·불포화 락톤(lactone)·페놀(phenol) 및 그 유도체인 것으로 알려졌다. 식물들이 타감 물질과 관계없이 단순히 양분이나 물·햇빛을 놓고 다툴 땐 타감 현상이라 하지 않고 '자원 경쟁' 정도로 구분하여 설명한다. 푸른곰팡이(*Penicillium nodatum*)들이 분비하는 화학 물질인 페니실린(penicillin)이 다른 세균들을 죽이는 것도 타감 작용의 한 예이다.

구체적으로 알려진 몇 가지 알레로파시를 보자. 소나무는 뿌리에서 갈로탄닌(gallotannin)이라는 타감 물질을 분비하여 거목 아래에는 제 새끼 애솔은 물론이고 다른 식물이 거의 못 산다. 미국 캘리포니아에 나는 관목(떨기나무)의 일종인 살비아 류코필라(*Salvia leucophylla*)는 휘발성 테르펜(terpene)을, 북아메리카의 검은호두나무(black walnut)는 주글론(juglone)을, 유칼립투스(eucalyptus, 유칼리나무)는 유칼립톨(eucalyptol)을 식물체나 낙엽, 뿌리에서 뿜어내어 토양 미생물이나 다른 식물의 성장을 억제한다는 것이 알려졌다. 한마디로 식물치고 타감 물질을 분비하지 않는 것이 없다고 보면 된다. 잔디밭 한구석의 토끼풀이 잔디와 끈질기게 싸우면서 삶터를 넓혀 가는 것도 토끼풀이 분비한 타감 물질인 화약(火藥) 탓이고…….

그리고 집에서 흔히 키우는 허브(herb, '푸른 풀'이란 뜻임)나 제라늄(geranium) 같은 풀을 그냥 가만히 두면 아무런 냄새가 나지 않지만 센바람이 불거나 슬쩍 건드리기만 해도 별안간 역한(?) 냄새를 풍긴다. 잽싸게 침입자를 쫓을 요량이다. 사람들은 그 냄새가 좋다고 하지만 실은 '스컹크'가 내뿜는 악취 나는 화학 물질과 다르지 않다. 감자 싹에 들어 있는 독성 물질인 솔라닌(solanine)이나 마늘의 항균성(抗菌性) 물질인 알리신(allicin)도 말할 것 없이 모두 제 몸을 보호하는 물질이다. 여느 식물치고 자기방어 물질을 내지 않는 것이 없다.

또 병원균에 대한 식물의 방어 과정도 사람과 별로 다르지 않다. 병원균이 식물의 세포벽에 납작 달라붙어 유전 물질(DNA)이나 효소를 쑤셔 넣으면, 식물은 '빛의 속도'로 체관을 통해 비상(非常) 신호 물질을 온 세포에 흘려보낸다. 상처 부위는 단백질 분해 효소 억제 물질을 유도하여 세포벽 단백질의 용해를 막으면서 갑자기 세포벽에 딱딱한 리그닌(lignin) 물질을 층층이 쌓고, 파이토알렉신(phytoalexine)과 같은 항생 물질까지 생성한다. 제깟 놈의 식물이 뭘 안다고? 믿거나 말거나, 식물은 이 지구에 우리보다 훨씬 먼저 온 어엿한 맏형임을 잊지 마라.

식물은 화학 물질로 말을 한다. 알다시피 나방의 애벌레인 송충이는 솔잎을, 배추흰나비 유충인 배추벌레는 배추 잎을 갉아먹으며 식물에 빌붙어 산다. 그런데 나무와 풀은 얼간이처럼 손 놓고 뜯기고만 있지 않기에 벌레들이 달려드는 날에는 발칵 뒤집히고 난리가 난다. 서둘러 소나무나 배추의 상처 부위에서 테르펜이나 세키테르펜(sequiterpene) 같은 휘발성 화학 물질(phytontid)을 훅! 훅! 풍긴다. 그러면 이게 무슨 향기인가 하고 말벌들이 신호 물질의 냄새를 맡고 쏜살같이 달려온다. 그뿐만 아니라 말벌은 유충의 침과 똥에서 나는 카이로몬(kairomone)이라는 향내를 맡고 유충을 낚아채기도 한다. 이렇게 자기를 죽이려 드는 천적을 어서 잡아가 달라고 말벌에게 '메시지'를 보내는 그것들이 신기하지 않은가. 식물계는 정녕 신비 덩어리다!

이야기는 들을수록 점입가경이다. 남아메리카에 자생하는 콩과 식물 일종에는 노상 진딧물이 와서 산다. 그런데 느닷없이 메뚜기 떼가 달려들어 부아를 돋우면 개미에게 '어서 와.' 하고 연거푸 메시지를 획! 획! 날린다. 개미는 진딧물의 분비물을 먹기 때문에 그 메시지를 보고 식물 쪽으로 달려온다. 억센 개미들이 들끓으면 메뚜기가 도망간다는 것을 콩과 식물은 알고 있는 것이라! 그뿐만 아니라 천적이 달려들면 이내 이파리의 맛을 떨어뜨리거나 움츠려 시들어 버리는 등의 내숭을 떠는 놈 등등, 그들도 살아남기 위해서 별의별 수단을 다 부린다. 만만찮은 창조물이다!

그렇다면 매운맛을 내는 고추의 캡사이신(capsaicine)이나 후추의 피페린(piperine) 같은 향료는 무엇일까? 원래는 식물들이 이런 대사 부산물을 세포의 액포(vacuole)에 묵혀 두어서, 다른 해충이나 병균의 침공을 막자고 하는 것이다. 그런데 사람들은 여러 양념을 음식에 섞어서 양분을 얻을뿐더러 음식의 부패를 예방하는 방부제로 쓴다. 그래서 동남아시아·타이완, 그리고 중국의 더운 아래 지방일수록 요리에 여러 씨앗 가루나 풀을 넣기 일쑤라 처음 먹어 보는 사람은 체머리를 흔든다. 우리나라만 해도 남쪽 지방 음식은 엎친 데 덮친 격으로 짜고(소금도 일종의 양념으로 세균을 죽인다.) 매운데다 냄새 나는 방아풀의 잎이나 산초나무, 초피(제피)나무 열매 가루를 물김치나 겉절이, 순대에 막 넣어 먹지 않는가.

나비 날개의
나노 구조

양금택목(良禽擇木), 똑똑한 새는 좋은 나무를 고른다고 한다. 꽃이 고와야 나비도 벌도 모여들듯이 사람도 마음씨가 곱고 예뻐야 친구들이 따르는 법. 어김없이 싱그러운 봄은 온다. 이른 봄에 흰나비 보면 엄마 죽는다 하여 흰나비를 보고서도 '아니야, 아니야, 노랑나비 봤어.' 하고 체머리를 흔들었던 것이 엊그제 같은데……. 사실 벌과 나비가 없는 세상은 끔찍하고 두렵다. 벌은 다음에 논하기로 하고, 나비의 세계를 들여다보기로 하자. 서양인들은 나비를 'butterfly'라 하여 '누르스름한 색을 띠는 곤충'으로, 또 '다리 달린 나뭇잎'이라 불렀으니 풀숲에 앉으면 주위와 구별되지 않는 의태(mimicry)를 그 특징으로 삼았다.

보라, 나비들이 무리 지어 하늘하늘 하늘을, 아슬아슬 떨어질 듯 내리다가는 퍼뜩 솟아오르기를 잇달아 하면서 나풀나풀 나부끼듯 날아간다. 한데 나비들이 팔랑팔랑 다 제 길을 따라다니니 그것을 나비 길, 접도(蝶道)라 한다. 나비가 날아가는 속도는 종류나 기후에 따라 다르다. 예를 들어 암붉은점녹색부전나비(*Chrysozephyrus smaragdinus*)는 1초에 20번 날개를 흔들어 초속 0.9미터(0.9미터/초) 빠르기로 날며, 곧은길로 나는 속도가 빙그르르 돌아가는 것에 비해 4배 빠르다고 한다. 나비에 따라서는 날개를 1초에 5번에서 100번까지 흔든다. 사족이지만, '암붉은점녹색부전나비'를 '암 붉은 점 녹색 부전 나비'로 띄어 쓰면 안 되는가? 안 된다. 동식물의 우리말 이름은 아무리 길어도 붙여 쓰기로 약속했기에 지켜야 한다. 그런데 나비를 잡아 보면 가루가 손에 그득 묻는다. 비늘 가루(鱗粉)는 지붕 기왓장을 포개 놓은 듯 나비 겉에 잔뜩 깔려 있으며, 비늘 축받이(socket of scale)에 끼어 있어 잘 빠지지 않는다. 물고기 비늘이 살갗을 보호하듯이 나비의 비늘도 몸통과 날개를 지켜 주는 것은 물론이요, 비에도 젖지 않게 한다.

곤충과 사람이 같을 수 없다. 우리들은 오직 가시광선만을 볼 수 있지만 곤충은 가시광선 이외의 영역도 본다. 똑같은 꽃이라도 가시광과 자외선 아래에서 각기 달리 보인다. 그리고 나비의 날개는 윗면과 아랫면의 색깔이 다르니, 윗면의 색은 같은 종의 친구와 짝을 알아보는 신호로 사용하고, 날개 아래 색은 주위와 어울리는 보호색이라 적으로부터 자신을 지킨다. 나뭇잎나비 무리들이 날개를 펼쳤을 때는 화려한 빛깔을 내지만 날개를 접어 곧추세우면 마치 나뭇잎처럼 보이니 이를 위장(camouflage)이라 한다.

옛날 사람들이 무척 화려하고 현란한 색과 무늬를 뽐내는 나비에서 물감을 뽑아 써 보려고 애를 썼다고 한다. 과연 성공하였을까? 자, 붉은 꽃잎 하나를 따서 손으로 꽉 눌러 으깨 보고, 또 노랑나비의 날개를 문질러 보라. 꽃잎에서는 붉은 색소가 묻어나지만 나비 날개에서는 무색의 가루만 묻어날 것이다. 아뿔싸, 눈부신 샛노란 비늘, 새파란 비늘 할 것 없이 모두 무색이더라!? 도대체 영롱한 색은 어디로 갔단 말인가?

붉은 꽃잎에는 빨간빛만 반사하고 다른 것은 모두 흡수해 버리는 색소(色素)가 있지만 나비의 날개에는 색소 없이도 빛을 내는 구조색(structural color)이 있다. 아주 작은 나노미터(nanometer, 10억 분의 1미터) 크기의 구조를 볼 수 있는 주사 전자 현미경(走査電子顯微鏡, scanning electron microscope, SEM)으로 나비 날개를 확대해 보면 거기에는 층층이 쌓인 나노 구조물이 있다. 이 구조물은 햇빛 중에서 특수한 빛만 반사하고 다른 색의 빛은 모두 흡수하는데, 이런 나노 구조물을 광 결정(photonic crystal)이라 하고 이런 기하학적 형태를 광 구조(photonic structure)라고 한다. 색소가 내는 색깔은 색소와 햇빛의 상호 작용에 의한 것이기 때문에 색소의 크기나 모양에 관계가 없지만, 광 결정의 경우에는 그 배열이 변하면서 내는 색이 달라진다. 색소에 의한 색깔은 모든 각도에서 봐도 같지만 광 결정은 다른 각도에서 보면 약간씩 다른 색으로 보인다.

나노 구조(nanostructure)가 형형색색 요술을 부린다니 참으로 놀랍다. 다시 말하지만 나비의 비늘을 문질렀을 때 그만 무색이 되는 것은 나노 구조가 파괴되어 본래의 색이 사라진 탓이다. 아리따운 꽃잎이 '생화학'적인 색소를 품고 있다면 펄럭이는 나비 날개는 '물리학'을 싣고 다닌다! 이런 특징을 가진 것에는 나비뿐만 아니라 조개껍데기(안쪽 진주층)나 공작의 깃털, 오팔과 같은 보석들이 있다. 어쨌건 나비들은 비늘에서 반사하는 자외선으로 동족을 알아내고 짝꿍을 찾는다고 한다. 한마디로 나비는 비늘로 말한다. 아울러 너 나 할 것 없이 어떡하던 배우자를 꼬드기려고 애를 쓰는데, 늙다리 나비 수놈의 비늘은 낡아 벗겨지고 떨어져 나가 버려 자외선 반사가 흐릿하기에 암놈들이 본체만체하지만 젊은 수컷들의 튼튼하고 싱싱한 비늘은 번들번들 빛나기에 암컷들이 앞다퉈 몰려든다.

암수 나비 한 쌍이 만나면 다른 나비가 없는 곳으로 피해 가면서 둘만의 사랑을 즐긴다. 살랑살랑 공중을 날면서 스치듯 만났다가 떨어지고, 떨어졌다 맞닿기를 잇따라 하면서 어디론가 날아간다. 흔히 그 하늘거림을 보고 나비의 밀월여행이라 부르며 짝짓기를 하는 것이라 여기는데 그렇지 않다. 사실은 수컷 나비가 암컷을 애무하느라 그런다. 수놈의 항문 부근에 있는 연필 지우개 모양의 돌기를 암놈의 더듬이에 슬쩍슬쩍 문질러 사랑의 향수(성페로몬)를 뿌리고 있는 것이다.

그렇게 애정 행각을 1시간이 넘게 이어 가다가 이윽고 이때다 싶으면 암놈이 언덕배기 안전한 자리에 내려앉고, 드디어 머뭇거림 없이 기다리던 교미를 한다. 그런데 나비가 어리둥절하게 사람의 얼을 빼놓는다. 여느 생물이 그러하듯이 나비 역시 상대를 고르는 데 신중을 기한다. 서로가 튼튼한 형질, 좋은 유전 인자를 가진 짝을 고르려 한다는 말이다.

그런 나비 중에서 애호랑나비, 붉은점모시나비, 모시나비들은 아주 특이하게도 수놈이 짝짓기를 하면서 암놈의 몸속에 정자(精子) 말고도 아주 커다란 영양분 덩어리를 슬그머니 삽입한다. 놀랍게도 이 물질에는 성욕 억제제가 들어 있어 암놈 나비로 하여금 다시는 더 짝짓기를 하고 싶지 않게끔 만든다. 그리고 그 영양분 덩어리가 처음에는 반투명하지만 조금 뒤에 회백색으로, 하루가 지나면 갈색에 가까워지면서 딱딱하게 굳어져 자궁(子宮)의 입구를 막아 버린다. 이것을 수태낭(受胎囊)이라 부르는데 일종의 정조대(貞操帶, chastity belt)인 셈이다. 얼마나 이기적인 수놈의 생식 행태인가. 이런 고얀 놈, 제 씨(유전 인자)만 퍼뜨리겠다는 수놈 나비의 심보에 아연 혀가 내둘린다.

물결나비들의 날개 끝에 있는 '눈알 무늬'는 왜 있는 것일까? 어쩔 수 없이 먹히게 됐을 때 천적으로 하여금 그곳을 쪼아 먹으라는 꾐이다. 동물들이 벌레를 발견하면 제일 먼저 머리(눈)를 공격한다. 가짜 눈이 공격을 당하여 날개 일부가 다치더라도 살아남을 수가 있으며, 동시에 내가 너를 쳐다보고 있다는 위협과 경고가 되기도 한다. 물고기들도 지느러미에 그런 눈 무늬들을 그려 놓는다. 배추흰나비의 자란 벌레(성충)와 새끼 애벌레(유충)가 먹는 먹이가 다르다는 것도 눈여겨봐야 할 대목이다. 어미는 꽃의 꿀을 빨아 먹고 살지만 애벌레는 뭘 먹는가. 무, 배추 잎을 먹고 자라지 않는가. 그리하여 어미와 자식 간에 삶터와 먹이다툼을 슬기롭게 피해 가는 것이다. 이 얼마나 오묘한 자연 현상인

가. 이렇게 한 생물이 사뭇 다른 두 가지 모양이나 삶의 꼴을 가지는 것을 이형성(二形性, dimorphism)이라 한다.

마지막으로, 기상학자 에드워드 노턴 로렌츠(Edward Norton Lorenz)의 '나비 효과(butterfly effect)'를 다 잘 알 것이다. 브라질에 있는 나비 한 마리의 날갯짓이 미국 텍사스에서 토네이도(tornado)를 일으킬 수도 있다는 이론 말이다. 모름지기 대수롭지 않고 사소한 것이라고 가벼이, 얕보지 말 것이다. 처음엔 아주 소소하고 미미했던 것이 나중에 가서는 퍽 큰 차이를 불러오는 법이다. 어쨌거나 나비의 세계 또한 녹록하지 않고 호락호락하지도 않다!

꽃 색깔의 비밀,
안토시아닌

온 세상의 삼라만상은 어울림으로 아름다움의 극치를 이루고 있다.
마음을 다잡고서, 눈을 크게 뜨고 귀를 활짝 열어 우리의 어머니, 자연
에 가까이 다가가 더불어 듣고 보면서 한껏 즐겨 볼지어다. 자연도 자
기에게 관심을 가진 자에게만 비밀의 문을 열어 준다고 한다. '옥같이
고운 풀잎에 핀 구슬같이 아름다운 꽃'이라는 기화요초(琪花瑤草), 저 요
염한 꽃떨기들이 철 따라 세월 따라, 형형색색 울긋불긋 그지없이 잔
뜩 아름다운 자태를 드러낸다. 아무래도 꽃 중의 꽃은 정녕 '웃음 꽃'이
렷다!

루소의 말 따라 아예 자연으로 돌아왔다. 저기 저 푸나무에 피는 꽃
잎의 개수에 마음을 모아 보자. 마음에 없으면 봐도 보이지 않고 들어
도 들리지 않는다고 했다. 셋, 넷, 다섯, 여섯, 여덟 이렇게 하나같이 다

르지 않는가. 꽃잎의 수에 정해진 규칙이 있으니, 그 또한 '자연에 흐드러지게 숨어 있는 비밀' 중의 하나다. 잎맥이 나란한 외떡잎식물은 꽃잎이 3의 배수(倍數)이고 그물맥인 쌍떡잎식물은 4와 5의 배수다. 그럼 붓꽃이나 청포 꽃잎은 몇이며 진달래, 살살이꽃(코스모스)은 각각 몇일까?

그런데 꽃을 엄청나게 좋아했던, 학명(이명법) 쓰기를 창안해 낸 스웨덴의 식물 분류학자 칼 폰 린네(Carl von Linné)는 꽃(양성화)은 "가운데 자리에 한 여자(암술)가 드러누워 있고 둘레에 여러 남자(수술)가 둘러앉아서 서로 사랑을 하는 것"이라고 갈파하였다. 그렇다. 꽃은 식물의 생식기다. 동물은 성기를 몸 아래쪽에 붙여 두는데, 벌건 대낮에도 나무는 우듬지에, 풀은 줄기 끝자락에 수줍음 하나 없이 덩그러니 매달아 놓고선 곤충들을 꼬드기고 있다. 사람들은 그 꽃을 혐오스럽게 여기지 않을뿐더러 사뭇 코를 들이대고 냄새까지 맡고 있으니……

그런 꽃들의 색깔은 크게 보아 빨강, 파랑, 노랑, 하얀색으로 대별할 수 있다. 왜, 어째서 저렇게 색이 다 다르단 말인가. 생물의 다양성(多樣性, diversity)이라는 것이다. 자 이제, 빨간 장미꽃 잎이나 붉은 양배추 잎을 한 움큼 따서 막자사발에다 콩콩 찧어 액즙을 쥐어짜 보자. 그렇게 낸 즙을(물로 희석하여) 시험관에 따르고 거기에 식초 한 방울을 떨어뜨려 본다. 대뜸 붉게 변색한다! 다음은 거기에다 양잿물(수산화나트륨, NaOH) 한두 방울을 넣어 보자. 문득 푸른색으로 바뀐다! 이런!? 희한한 요술이 따로 없다! 꽃물이 리트머스처럼 산성에서는 붉은색으로, 알칼리성에서는 푸른색으로 바뀐다는 것을 알았다. 짙은 색깔의 것이 좋은 지시약(指示藥)이 될 수 있으니, 앞에서 쓴 두 재료 말고도 포도 껍질, 검은콩, 홍차, 버찌, 제비꽃(violets), 철쭉, 나팔꽃, 당근들도 리트머스 대용으로 쓸 수 있다. 꽃물과 잎 즙물의 성질이 리트머스와 다르지 않다는데, 그 속에 과연 어떤 물질이 들었기에 신통방통하게도 이런 변화무쌍한 변덕을 부리는 것일까. 안토시아닌 탓이다.

산길을 가면서 간혹 큰 나무 밑둥치나 널따란 너럭바위에 둥글납작한 것이, 거무스름하거나 회백색의 버섯 같아 보이는 푸석푸석한 그 무엇이 빽빽하게 또는 띄엄띄엄 붙어 있는 것을 볼 때가 있다. 가문 날에는 습기를 잃어서 손을 대면 바싹 부스러질 듯하지만, 비 온 뒤에는 물을 가득 머금어서 생기가 나고 제 색을 낸다. 그것이 지의류(地衣類, lichen)로, 공기 오염에 찌든 도시에서는 살지 못하기에 이 식물을 공해(公害)의 정도를 가늠하는 '지표 생물(指標生物, indicator)'로 삼는다.

그리고 지의류는 특이하게도 조류(藻類, algae)와 균류(菌類, fungi)가 함께 사는 공생 식물이다. 조류는 주로 녹조(綠藻)·남조(藍藻)이고 균류는 자낭균(子囊菌)·담자균(擔子菌)이며, 전자는 엽록체를 가지고 있어서 광합성을 하고, 후자는 팡이실(균사)로 서로 뒤엉켜 있다. 현미경으로 지의류를 보면 세(떡) 층으로 되어 있으니 가운데에 조류를 신주(神主) 모시듯 넣어 두고 균류가 겉을 싸서 보호하고 있다. 균류는 균사로 수분이나 거름을 머금어 조류에 공급하고 조류는 엽록체로 양분을 만들어 균류에 주니 이를 일러 공생(共生, symbiosis)이라 부른다. 이렇기에 지의류는 다른 생물이 살지 못하는 불모지(不毛地)를 앞장서 쳐들어갈 수 있어서 '천이(遷移, succession)'의 개척자 노릇을 한다.

몇 해 전 화산재를 내뿜었던 북쪽의 '얼음 나라' 아이슬란드에서는 지의류로 음식을 만들어 먹으며 식욕 촉진제로 쓰기도 하고, 빵이나 우유에 넣어 먹기도 한다고 한다. 또한 북극의 툰드라(tundra)에 지천으로 길길이 자라는 풀 닮은 것(북극의 유일한 생산자)이 바로 이것들이며 사슴과 순록의 먹이가 된다.

다시 리트머스 이야기로 돌아가서 산(酸)과 염기(鹽基)를 측정하는 리트머스는 지의류인 '리트머스이끼'에서 뽑는다. 리트머스이끼과(科) 중 주로 세 종류(Roccella tinctoria, R. montagnei, Dendrographa leucophoea)에서 리트머스 물감을 추출하니, 이것이 올세인(orcein)이라는 보라색 물감인데 현미경 염색이나 식품 색소로 쓰인다. 그리고 pH(power of the hydrogen) 측정에 쓰는 리트머스 종이는 리트머스 물감을 물에 녹인 다음 거름종이(여과지)에 흡수시켜서 말린 것이며 액체 상태의 것이 리트머스 액이다. 리트머스는 산성(acidity, pH<7)에서 붉은색, 알칼리성(alkalinity, pH>7)에서 푸른색, 중성(neutral, pH=7)에서 보라색을 띤다(온도 섭씨 25도를 기준 삼음). 꽃물·잎 즙물에 든 안토시아닌과 성질이 어찌 그리도 빼닮은 것일까. 그럼 안토시아닌이란 무엇일까?

안토시아닌(anthocyanin)은 고등 식물의 잎, 줄기, 뿌리, 꽃, 과일 등 어느 조직에나 생기는 수용성 물질이지만 주로 과일과 꽃에 많으며, 늘 세포의 액포(液胞, vacuole) 속에 들어 있다. 안토시아닌과 안토시아니딘

(anthocyanidine)을 합쳐 부르는 안토시안(anthocyan, 라틴어로 anthos는 '꽃', kyanos 는 '푸르다'는 뜻임)은 '화청소(花靑素)'라 일컫기도 하는데 이것은 플라보노 이드(flavonoids)계 물질로 냄새와 맛이 거의 없다. 특히 안토시아닌이 많 이 든 과일의 예쁜 색은 동물을 유인하여 과실을 먹게 하므로 씨앗을 퍼뜨리게 하고, 꽃의 고운 색은 곤충을 끌어들여 수분(受粉, 꽃가루받이)하 게 하며 알록달록한 여린 이파리에서는 강한 자외선을 막는 햇빛 가리 개 역할을 한다. 게다가 식물 세포 속에 생기는 활성 산소를 없애는 항 산화제(抗酸化劑, antioxidants)로 작용한다. 그래서 안토시아닌이 듬뿍 든 블루베리, 체리, 흑미(黑米), 포도, 붉은 양배추와 같이 진한 색을 띤 것 들이 사람 몸에 좋다고들 하는 것이다(동식물 세포의 원리는 같음). 그중에서 도 검정콩이 안토시아닌이 가장 많이 들었다고 한다. 가을 단풍이 붉 은 것도 바로 안토시아닌 때문이다.

붉은 꽃을 피우는 식물은 그 꽃잎을 구성하는 세포가 산성이며 푸 른색 계통의 꽃은 알칼리성이라는 것을 이제 다 알았을 것이다. 그럼 노란색 꽃은? 그것은 안토시아닌과 아무런 관계가 없으며, 카로티노이 드(carotenoid)라는 색소 때문이다. 이 카로티노이드가 당근이나 귤 등의 색깔을 결정한다. 이제 마지막으로 남은 것이 흰 꽃이다. 희다는 것은 아무것도 없다는 뜻이다. 일종의 돌연변이로 그 식물은 화청소, 카로티 노이드계의 색소를 일체 만들지 못한다.

흰 꽃잎을 하나 따서 거머쥐고 꼭, 아주 세게 눌러 보라. 어허! 돌연 히 흰색이 사라지고 무색(無色)이 된다. 꽃 세포 틈새에 들었던 공기가 빠져나가 버린 탓이다. 여기에 설명을 조금 보태면, 겨울에 흰 눈(雪)을 대야에 모아 두면 하얗지만 거기에 물을 부어 버리면 금세 무색이 된다. 눈송이 틈새에 있던 공기가 빠져나갔기에 그렇다. 흰 꽃이나 눈송이가 희게 보이는 것은 그 속에 들어 있는 공기가 빛을 받아서 산란(散亂)하기 때문이다. 하나 더, 흰 머리카락은 멜라닌(melanin)이라는 검은 색소가 털뿌리(毛根)에 녹아들지 못한 탓도 있지만 머리카락 속이 대통처럼 비어서 털 속을 채우고 있는 공기가 빛의 산란으로 희게 보이는 것이다.

꽃색의 결정은 그 식물이 산성(붉음)이냐 알칼리성(푸름)이냐에 달렸으니, 즉 다름 아닌 안토시아닌이 부리는 마술이었다. 그저 신묘할 뿐! 게다가 카로티노이드 색소(노랑)와 공기·빛이 조연(助演)을 하고 있었으니, 이렇게 생물(꽃) 속에도 화학, 물리가 오롯이 더불어 들어 있더라!

개골개골
개구리의 합창

"개구리도 움츠려야 멀리 뛴다."고 하는 말은 아주 바빠도 일을 이루게 하려면 마땅히 그 일을 위하여 준비하고 주선할 시간이 있어야 한다는 뜻이다. 아무리 급해도 바늘 등에 실을 꿸 순 없지 않는가. 아무튼 논틀밭틀로 헤매다 보면 풀밭에 숨어 있던 개구락지 놈이 사람 발걸음 소리에 소스라치게 놀라 찍 사늘한(개구리는 변온 동물) 오줌을 발등에 갈기고 냅다 무논으로 들고튄다. 전광석화가 따로 없다. 개구리는 오줌을 함부로 누지 않고 일부러 오줌보에 가득 모아 뒀다가 이렇게 천적에게 쏟아붓는다.

개구리는 척추동물(어류, 양서류, 파충류, 조류, 포유류) 중 양서류(兩棲類, amphibian)에 들며, "물과 뭍을 들락거리며 산다."는 뜻으로 '물뭍 동물'이라고 부르기도 한다. 양서류를 더 나누어 꼬리가 있는 유미류(有尾類)인

29

도롱뇽 무리와 꼬리가 없는 무미류(無尾類)인 개구리 무리로 나누며, 우리나라에는 17종의 양서류가 살고 있다. 그중에 우리가 아주 못살 적에 단백질 공급용으로 들여와, 한때 말썽을 피웠던 황소개구리도 '우리나라 개구리 목록'에 버젓이 들었다. 얼마 전까지만 해도 겨울철에 '물개구리'를 튀겨 먹었고, 신경통에 좋다 하여 개구리 뼈다귀가 한약재상에 묶음으로 가득 쌓여 있었다. 그럼 못 쓴다.

개구리는 앞다리에 발가락이 4개, 뒷다리에 5개가 있으며, 땅이나 물에 사는 개구리는 뒷다리 발가락 사이에 물갈퀴(web)가 있으나(헤엄을 쳐야 하니까) 나무에 주로 사는 청개구리는 갈퀴 대신 나뭇잎이나 줄기에 잘 달라붙게끔 발가락 끝에 주걱 모양의 빨판(pad)이 있다. 이런 것들 말고도 끈적끈적한 물기(피부 호흡에 도움을 줌) 나는 살갗(주로 피부 호흡을 함), 힘 센 뒷다리, 겉에 뚫려 있는 콧구멍(공기가 폐로 듦), 눈을 감고 뜰 때 눈알을 덮었다 열었다 하는 눈꺼풀(두 겹으로 안의 얇은 것은 투명하며 고정됨), 눈 뒤에 있는 겉으로 드러난 둥그스름한 고막(겉귀가 없으며 듣기를 함. 수컷이 암컷보다 조금 더 큼), 몸은 안전하게 물속에 두고 눈만 빠끔히 내놓아 사방 둘레를 볼 수 있는 불룩 튀어나온 레이더 같은 눈알 등이 특징이다.

논에 벼가 자란다. 건강하고 멋진 상대와 짝짓기를 해야 하기 때문에 온 사방에서 수컷 개구리들이 한껏 목청을 드높여 아등바등 소리를 내지른다. 개골! 개골! 개골! "나 이렇게 건강하고, 잘생기고, 빼어난 유전자를 가졌으니, 암컷들아, 나를 배필로 골라 달라."는 참개구리 수놈들의 절규가 한창이다. 개구리의 옹골찬 울음은 농염(濃艶)한 사랑

노래 아닌가. 무슨 수를 부려서라도 제 유전자를 더 많이 퍼뜨리고 싶은 게 수놈들의 사무친 바람이다. 개구리도 매미처럼 암놈은 음치로 소리를 내지 못하고(왜 그럴까?) 수놈이 목 밑의 울음주머니를 부풀렸다 오그렸다 하면서 떼 지어 노래를 부른다. 해 질 녘에 시작한 합창은 신새벽까지 이어진다. 한 놈이 '개굴' 하는 순간 넓은 무논의 온 개구리가 개굴거리기 시작하고, 어느 순간 딱! 그친다. 좀 쉬었다가 다시 고래고래 고함을 친다. 이렇게 모질게도 울다 그쳤다 하면서 한밤을 지새우는 개구리 악단들! 매미도 그렇다. 왜? 천적을 섞갈리게 하는 것이다. 온 사방에서 와글거리니 잡아먹을 놈을 정조준할 수가 없다. 정말 영리한 놈들이 아닌가!

그럼 수놈 개구리가 어떻게 우렁찬 소리를 내는가? 척추동물 중에서 양서류(무미류만)와 포유류만 성대(vocal cord)가 있다. 어류와 파충류는 숫제 발성기(發聲器)가 없지만 조류는 기관(氣管)에서 두 기관지로 갈라지는 자리 양쪽에 얇은 울대(명관, syrnx) 근육이 붙어 있으니 그것을 떨어서 기막히게 아름다운 새소리를 낸다. 수개구리는 허파에서 공기를 밀어내면서 성대를 진동시키고, 그 소리는 목 아래에 있는 풍선 꼴의 울음주머니(명랑, vocal sac)에서 아주 높게 증폭된다. 불룩거리는 명랑은 일종의 공명기(resonator)다.

생명은 물에서 시작한다. 우리도 어머니 자궁 안 양수 속에서 약 280일을 보내지 않는가. 물이 괸 논에는 한 마리의 암놈을 놓고 서로 차지하겠다고 여러 수개구리들이 뒤엉켜 바동거리고 있다. 처절하게

다툼질하다가 종국에는 주먹심 좋은 놈이 암놈을 차지한다. 암놈의 배가 터지게 포옹해 대니 이것은 "나는 사정할 준비가 되었으니 어서 산란하라."는 신호다. 옴짝달싹 않고 암수 개구리가 덕지덕지 붙어 있는 것을 보면 언뜻 '교미하나 보다.' 하고 착각할 수 있지만, 개구리는 교미기가 없다. 그냥 그렇게 껴안아 흥분시키고 자극할 뿐, 암놈이 알을 낳으면 대뜸 수놈이 그 위에 정자를 뿌리는 체외 수정(體外受精)을 할 따름이다.

어쨌거나 암컷 등짝에 달라붙은 수개구리는 여간해서 떼지 못한다. 발정기가 되면 개구리와 도롱뇽의 수놈 앞다리 엄지손가락 아래에 거무튀튀한 살점인 혼인 육지(nuptial pad, thumb pad)라는 웅성 2차 성징(雄性二次性徵)이 나타난다. 이것을 포접 돌기(抱接突起)라고도 하는데, 일종의 점액샘(粘液腺, mucous gland)으로 움켜쥐는 데 쓰지만 수컷들이 거칠게 짓밟고 밀치고 할 때에도 쓴다고 한다.

드디어 수백 마리의 한배 새끼가 태어났다. 올챙이들이 깨어나 떼지어 흙탕치면서 논다. 신기하게도 이쪽 집 올챙이와 옆집 올챙이를 한데 뒤섞어 놓으면 처음엔 갈팡질팡하다가 어느새 귀신같이 알아차리고 어김없이 제 피붙이끼리 모인다는 것이다. 유유상종이다. 올챙이들도 유전 인자가 같은 것끼리 모여 살더라! 그래서 "피는 못 속인다."고 하는 것이리라. 한 종(족)끼리 서로를 알아차리고 모여드는 것을 친족 인지(親族認知, kinship)라 하며, 낯익은 놈끼리 근친 교배를 피하자고 그럴 것이라고 해석한다.

여러 면에서 올챙이와 개구리는 딴판이다. 올챙이는 물에 살면서 아가미로 호흡하고, 초식성이다. 속이 말갛게 비쳐 보이는 동그랗게 터질 듯한 창자가 철사 줄이 감겨 있듯 볼록하게 돌돌 감긴 '올챙이 배'를 하고 꼬리까지 달고 할랑거리며 다닌다. 하지만 뒷다리와 앞다리가 생겨나고 이어서 꼬리는 흡수되어 앙증맞은 꼬마 개구리가 되어 이내 땅으로 올라와 허파 호흡을 하게 되고(피부 호흡의 비중이 더 큼) 식성도 벌레를 먹는 육식성으로 바뀐다. 진정 드라마틱한 변신이 아닌가. 변태 호르몬인 티록신(thyroxine)이 부린 마술이다! 올챙이는 극적인 탈바꿈을 통해 어엿한 개구리로 새로 태어난다.

그런데 대관절 올챙이나 물고기가 떼(schools)를 지우고 새가 집단(flocks)을, 원숭이가 무리(troops)를 지우는 이유는 무엇일까? 그들의 삶에 어떤 이로운 점을 가져오는 것일까? 무엇보다 여러 마리가 있으면 먹이를 찾기가 쉬워 더 많이 먹을 수 있다('social feeding'이라 함). 그리고 따로 있는 것보다 소리 지르기, 경고 페로몬(alarm pheromone) 분비 등으로 천적을 쉽게 발견하여(보는 눈이 많으니) 더 빨리 도망치거나, 갑작스레 여러 마리가 퍼덕거리며 세차게 날거나 물살을 갈라 포식자를 지레 겁먹게 할 수 있으며, 멀리 이동할 때 앞에 간 놈들이 이뤄 논 소용돌이를 타고 가기 때문에 힘이 덜 든다. 또한 암수가 여럿이 함께 있어서 산란기에 짝짓기 하느라 드는 에너지를 절약할 수가 있다.

세상 돌아가는 것을 모르고, 견문과 학식이 좁아 저만 잘난 줄 거드름 피우는 사람을 '우물 안 개구리' 같다고 한다. 쥐뿔도 모르면서 어리석게 걸돈 환경 보호 탓에 우리의 금개구리나 맹꽁이를 찾아보기 어렵다. 뭔가 수상하고 심상찮은 조짐이다. 연신 쏟아져 들어오는 자외선에 가장 약한 동물이 바로 양서류라 한다. 그런 점에서 개구리는 자외선의 많고 적음을 가늠하는 지표 생물이다. 그렇구나! 우리는 자연이 꼭 있어야 하지만 자연은 우리를 필요로 하지 않는다! 개구리들이 지구를 슬슬 떠나고 있다는데 우리도 기꺼이 따라 나설 준비를 해야 하지 않을까.

모든 인류의 검은 할머니,
미토콘드리아 이브

드디어 삼라만상이 찬란하게 기지개를 편다. 온 누리에 녹음방초(綠陰芳草), 짙푸른 푸나무들이 길길이 자라 활짝 핀 이파리를 가득 매달았고, 탐스러운 꽃송이를 머리에 인 예쁜 풀들이 아우러져 대자연은 풍요로움 그 자체다. 거기에다 새소리, 벌레 소리까지 더하여 웅장한 교향곡이 울려 퍼지고……. 그런데 저 우렁찬 생명의 에너지와 짙은 연두색은 어디서 오는 것일까?

에너지의 대명사인 미토콘드리아와 녹색을 품은 광합성의 본체인 엽록체는 긴긴 세월 동안 세포가 바뀌어 온 결과로 나타나게 되었다. 전인미답(前人未踏)의 시절, 약 15억 년 전에 애당초 독립해서 살던 원핵(原核, 핵이 없는) 호기성 세균이 숙주인 진핵(眞核, 핵이 있는) 세포에 꼽사리 끼어 함께 살게 되었으니 그것이 미토콘드리아이고, 그런 원시 세포에 엽록소와 남조소를 가지고 있는 광합성을 하는 단세포 남조류(cyanobacteria)가 쳐들어갔으니(원시 숙주 세포가 '먹었다'고 표현하기도 함) 그것이 엽록체로 이제는 둘 다 빼도 박도 못하게 되었다. 게워 내지도 못하고, 같이 살아야지 외따로 살지 못하는 운명 말이다. 호기성 세균과 광합성 세균이 떡하니 세포 소기관(小器官, organelle)으로 바뀌었단 말이 아닌가? 당최 알다가도 모를 일이다.

오랜 세월 세포도 여러 곡절을 거쳐 내처 바뀐 터라 이를 세포 진화설(細胞進化說, hypothesis of cell evolution), 또는 세포 내 공생설(細胞內共生說, theory of endosymbiosis)이라 한다. 정말로 가만히 멈춰 있는 것은 없구나. 한데, 왜 이런 과학 글까지 한자와 영어투성이일까? 그렇다, 현대 과학의 뿌리가 서양인데다 일본을 통해 그것을 받아서 썼기에 그런 것이니 너무 불쾌해 하지 말 것이다. 과학도 확산(擴散, diffusion)한다! 영어를 힘들여 익혀야 하는 까닭이 여기에도 있으니……. 보라! 태권도에서는 '차렷!' 하고 우리말을 쓰지 않던가?

아무튼 세포 내 공생설이 하도 뜬금없어 '개 풀 뜯어 먹는 소리'로 들리겠지만, 다음 여러 예들이 미토콘드리아와 엽록체가 세균을 닮았다는 증거다. 이런 것을 채근하느라 얼마나 많은 내로라하는 학자들이 날밤을 새웠는지 모른다.

첫째, 진핵의 DNA는 길쭉하고 선상(linear)인 데 비해 미토콘드리아의 DNA는 세균의 것처럼 한 개의 고리 모양(circular)을 하고 있고, 둘째, 그것을 분리하여 시험관에 넣어 두면 상당 기간 동안 DNA, RNA

와 단백질을 합성하고, 셋째, 테트라사이클린(tetracycline)과 같은 세균에 치명적인 항생제를 처리하면 미토콘드리아(엽록체도)는 해를 입으며, 넷째, 세균과 똑같이 세포질이 밖에서 안으로 잘려 들어가면서 나눠지며 (이분법) 분열하고, 다섯째, 단백질 합성 부위인 리보솜(ribosome)의 구성이 세균인 대장균의 것과 쏙 빼닮았다.

즉, 미토콘드리아는 핵의 분열과 관계없이 자체적으로 번식하고 독자적인 유전 물질인 DNA를 가지고 있어서 단백질을 합성할 수가 있으며, 미토콘드리아 DNA(mitochondrial DNA, mtDNA)는 핵 DNA(nuclear DNA, nDNA) 양의 0.5퍼센트밖에 되지 않지만 스스로 분열도 한다. 애당초에는 완전 독립체였으나 핵에 많은 기능을 이양해 버려 '속국' 상태가 되어 버렸다고 한다.

미토콘드리아(mitochondria)는 미토콘드리온(mitochondrion)의 복수형이며, 'mito'는 '실', 'chondrion'은 '알갱이'란 뜻이다. 그것은 핵(核)보다 훨씬 작고, 세포 하나에 여러 개가 들었으며, 생리 기능이 아주 활발한 조직이나 기관의 세포에 더 많아서 간세포 하나에는 무려 2,000~3,000개나 들어 있다(간세포의 25퍼센트를 차지함). 그런데 몸 움직임(운동)이 심폐 기능, 근육의 탄력성, 적혈구 수의 증가뿐만 아니라 미토콘드리아에까지 영향을 미치니, 운동을 열심히 하면 그 수가 5배 내지 10배까지 증가한다고 한다. '용불용설(用不用設)'이 세포의 미토콘드리아에까지 영향을 미치는 것인가? 엽록체야 식물 세포에만 있지만 미토콘드리아는 동식물 세포 모두에 있다. 식물에는 보통 세포 하나에 미토콘드리아는

100~200개, 엽록체는 잎 세포 하나에 50~200개가 들었다.

부연하면, 미토콘드리아는 진핵 세포의 세포질에 존재하는 세포 소기관으로 세균에는 물론 없다. 보통 크기는 0.5~1마이크로미터(1마이크로미터는 1000분의 1밀리미터)로 세균의 판박이다. 세포마다 생명의 길이가 갖가지라, 적혈구는 120일, 상피 세포가 약 7일이고 미토콘드리아는 10일이다. 이렇게 세포들은 죄다 나날이 생멸(生滅)을 반복한다. 그리고 미토콘드리아는 운동(이동)도 활발하며, 세포에 따라 모양이 달라서 전자현미경으로 보면 거의가 길쭉한 막대나 강낭콩, 소시지 모양을 하지만 정자의 것은 나선형으로 꼬리(편모)를 돌돌 감싸고 있다. 우리가 애써먹은 음식이 소화되어 흡수된 양분과 적혈구가 가지고 온 산소(O_2)가 결합(산화)하여 미토콘드리아에서 에너지와 열을 내니 이를 세포 호흡이라 한다. 에너지는 ATP라는 배터리(battery)에 저장하고 열은 체온 유지에 쓴다. 이처럼 에너지를 만들기에 미토콘드리아를 '세포의 발전소', 열을 내기에 '세포의 난로'라 부른다.

다음은 어머니를 닮는 내림, '모계성 유전(母系性遺傳, maternal inheritance)'을 얘기해 보겠다. 흔히 말하는 유전이란 핵의 염색체(유전자, DNA)가 대물림하는 핵 유전(核遺傳, nuclear inheritance)을 말하는데, 이들 내림 물질(유전자, gene) 탓에 어느 자식이나 어머니와 아버지를 반반씩 닮는다. 한데, 미토콘드리아나 엽록체는 핵이 아닌 세포질에 들어 있어서 다음 대로 이어지니 이를 세포질 유전(細胞質遺傳, cytoplasmic inheritance)이라 한다.

세포질 유전(모계성 유전) 설명을 조금 더 보태면, 0.1밀리미터 크기의 난자는 세포막과 세포질(세포 소기관)을 다 가지고 있지만 0.06밀리미터 밖에 안 되는 정자는 정핵(精核, 머리)과 몇 개 안 되는 미토콘드리아가 붙어 있는 꼬리(편모)만을 가지고 있다. 도통 세포질이 없는 괴이한 세포이다(처음 정모 세포는 세포질을 가졌음). 어찌하였거나 난자에는 30만 개의 미토콘드리아가, 정자에는 유전 정보가 담긴 머리와 헤엄칠 꼬리 사이에 고작 150개가 들었는데, 수정하면 정자가 가지고 들어온 미토콘드리아를 난자가 거부 반응을 일으켜 송두리째 부숴 버린다고 한다. 결국 수정란 속에는 아버지의 미토콘드리아는 하나 없고 고스란히 어머니의 것만 들어 있는 것이다! 이것이 바로 미토콘드리아의 모계성 유전, 또는 세포질 유전이다. 너와 나, 우리의 미토콘드리아는 단연코 어머니의 것!

그런데 이런 유전은 사람만이 아니다. 양성 생식(兩性生殖)을 하는 모든 생물들은 미토콘드리아나 엽록체를 모계에서 받는다. 그렇다면 어머니는 누구에게서 그것을 넘겨받았을까? 맞다! 외할머니에게서 받았다. 결국 우리가 가지고 있는 미토콘드리아는 죄다 외조모의 것이 어머니에게로, 어머니의 것이 내게로 내려온 것이로다! '외갓집'의 의미를 되새겨 봐야 할 것 같다.

범죄 사건 해결에 '핵산 지문'인 DNA가 한몫한다는 사실은 잘 알고 있을 것이다. 이때 모계성인 미토콘드리아 DNA뿐만 아니라 Y 염색체(그 속에 든 DNA)도 함께 찾는다. Y 염색체는 할아버지에서 아버지, 아들, 손자로 내려가는 부계성(父系性) 유전을 하기 때문이다.

그렇다면 미토콘드리아 DNA를 통해 인류의 조상을 찾을 수 있지 않을까? 모계의 유전 물질인 미토콘드리아 DNA를 따라 아득히 먼 옛날로 거슬러 올라가면 그 뿌리를 찾을 수 있는데 이렇게 해서 추정한 인류의 모계 조상을 미토콘드리아 이브(Mitochondrial Eve)라고 부른다. 약 20만 년 전 아프리카 대륙에 살았던 것으로 추정되어 '아프리카 이브(African Eve)'라고도 부른다. 어쨌든 진화의 유물이요 흔적인 그녀의 미토콘드리아 DNA가 모조리, 잇달아 우리에게 전해져 내려온 것이다. 검은 할머니의 그것이 말이다! 생명의 본산지인 미토콘드리아에서 끝없이 사무치는 모정을 찾아도 좋을 듯. 품안에 포실하게 보듬어 주시던 어머니를 어른거리게 하는 미토콘드리아여! 당신은 가셨지만 당신의 미토콘드리아는 내 몸에 오롯하게 남아 있나이다!

수놈들의 생식 전쟁

너 나 할 것 없이 다투어 삶터를 넓혀 먹이를 더 많이 얻어서 자손의 수를 늘리자는 것이 생물들의 투쟁사인 것이다. "내 몸은 죽어도 DNA(유전 인자)는 영원하다."는 것을 알고 있기에 투쟁의 뿌리엔 공간과 먹이가 도사리고 있다. 넓은 터전을 가질수록 먹이를 더 많이 얻고, 그래서 여러 짝을 만나 더 많은 손(孫, 유전자)을 남길 수 있다. 사람인들 별 수 있는가. 궁극적으로는 돈 많이 벌어 넓은 땅, 좋은 집에다, 멋진 배우자 만나 알토란 같은 자식 많이 두고 호의호식하려 든다. 따라서 나라끼리도 영토 다툼이 치열하기 마련이다.

모시나비의 사랑 이야기를 해 볼까. 번데기에서 갓 태어난 수놈 나비는 언덕바지 양지 바른 곳에 얼른 날아올라 좋은 자리를 제일 먼저 차지하고는 암놈을 기다리면서 텃세 부려 다른 수놈을 호되게 내몬다.

그리고 이들은 단 한번 짝짓기를 하기에 상대를 고르는 데 엄청 신중하게 오래 뜸을 들인다고 한다. 모시나비 수놈은 자기 체중의 6~10퍼센트나 되는 양분이 가득한 정자 덩어리인 정포(精包, spermatophore)를 암놈의 자궁에 집어넣으니 정액에 산란 촉진 물질이 들어 있어 암놈이 서둘러 산란한다. 그런데, 놀랍게도 그 속에 든 또 다른 물질이 암놈의 짝짓기 욕구(충동)를 줄인다고 한다. 그뿐 아니다. 반투명한 정포가 굳어지면서 암놈의 생식기를 틀어막아 버리는 마개, 수태낭이 되어 버려 더 이상 다른 놈과 교잡을 못하게 정조대를 채운다. 놀랍도다! 사향제비나비, 애호랑나비들도 그러하니, 암놈의 곧은 절개, 정절을 강요하는 수놈의 이기적이고 공격적인 씨 퍼뜨리기(생식) 작전에 눈이 휭 돌고 가슴이 먹먹해진다.

그 정도는 약과다. 지중해에 사는 벼룩(flea)의 일종은 교미기에 갈고리, 지레, 가시철사, 용수철 등이 달려 있어서(스위스 군대 칼을 닮았다?) 딴 수놈이 집어넣어 놓은 정자 덩어리를 끄집어내 버리고 제 씨를 넣는단다. 그리고 잠자리의 일종은 교미기가 암놈의 몸속에서 부풀어 나서 경쟁자의 정자를 밀어내 버린다고 한다. 정말 처절하고 무서운 씨 내림이로다!

파푸아뉴기니(Papua New Guinea) 국기에는 그곳의 특산종인 극락조(極樂鳥, birds-of-paradise)가 울부짖는 모습이 노란색으로 그려져 있다. 산란 시기가 되면 이른 아침 홀리게 근사한 새들이 한 곳에 모여드니 그곳을 집단 구혼장(集團求婚場), 렉(lek)이라 한다. 치장을 하고 나무에 앉아 암컷들을 기다리던 수놈들은 이윽고 암놈들이 나타나면 땅바닥으로 내려와 반나절이나 고래고래 소리를 지르면서 현란한 춤을 춘다. 나름 대로 멋진 건강미와 튼실한 유전 인자를 가졌음을 뽐내는 사랑 부름(求愛)인 것이다. 한참을 구경하던 암놈들은 개중에 마음에 드는 수놈과 헐레벌떡 짝짓기를 하고는 느릿느릿 사라진다. 며칠을 두고 잇따라 수놈들의 무도회가 되풀이되고 그렇게 짝짓기는 이어진다.

그런데 놀랍게도 전체 암놈의 80퍼센트가 아주 덩치 크고 잘생긴 한 마리 수놈하고 사랑을 나누더라는 것이다. 이렇게 새들도 상대를 고르는 데 암놈이 선택권을 가진다. 아마도 '결혼상담소'의 남녀들도 이 새의 짝 찾기와 그린 듯이 닮았을 터. 그러면 못생기고 볼품없는 야윈 수컷들은 전연 제 씨를 퍼뜨리지 못할까. 턱걸이라고 하겠지만, 퇴짜 맞은 20퍼센트는 그나마 용빼는 재주가 있으니, 먼 산 보듯 우두커니 있다가도 기회를 노려 잽싸게 암놈을 꿰차고는 허겁지겁 다리야 날 살려라 하고 꽁지 빠지게 내뺀다. 이렇든 저렇든 우람한 몸집에다 잘생기고 볼 일이다!

한 연구자가 거피(guppy)가 여러 마리 들어 있는 큰 어항에 딴 물고기(포식자)를 집어넣어 보았다고 한다. 그러자 몸집이 크고 고운 체색을 한 대장 수놈이(깜냥이 못 되면서도) 으스대며 겁 없이 대뜸 앞으로 달려 나가 포식자와 맞서더란다. 하지만 암놈이 없을 적에는 대장 거피 놈이 미적대다 '홑바지 방귀 새듯' 스르르 피하기 바빴다고 한다. 그냥 해 보는 소리가 아니다. 수놈들은 암놈을 차지하기 위해 하나뿐인 목숨을 건다! 그리고 암놈들은 어김없이 똑똑하고 용감한 수놈을 택하더라!

큰입우럭 무리의 일종인 블루길선피시(bluegill sunfish)는 성 의태(性擬態, sexual mimicry) 행위를 한다. 지지리도 못난 수놈들의 교묘한 씨뿌리기 수법으로 녀석들이야말로 속임수의 달인이다. 이 물고기의 수놈은 됨됨이에 따라 세 부류로 나뉜다. 첫째, 아주 덩치가 커서 제 영역을 지키면서 여러 암놈을 차지하는 놈, 둘째, '실이 노가 되도록 끈질기게' 첫째 수놈의 둘레를 빙글빙글 돌면서 큰 놈들이 한눈팔 때 몰래 정자를 뿌리는 애송이 녀석, 셋째, 첫째의 수놈과 암놈의 중간 몸 크기·체색이면서 알랑알랑 암놈들 비위 맞추며 암놈 행세를 하다가 은근슬쩍 제 유전자를 뿌리는 놈이다. 번식 본능이 제아무리 모질고 끈덕지다고 하지만 기막힌 성 행태가 아닌가.

꾀보 수놈들이 여기 또 있다. 미국산 뱀의 일종인 붉은옆줄가터얼룩뱀(red-sided garter snake)은 위 물고기 뺨친다. 교미 때는 여러 암수가 뒤엉켜 큰 공 모양을 이루니 이를 '교미 공(mating ball)'이라 한다. 이때 수놈 중에서 몇몇은(약 16퍼센트) 슬그머니 암컷 성페로몬을 내뿜어 수놈들을 밖으로 끌어내어 따돌려 놓고는 퍼뜩 서둘러 굴로 들어가 암놈을 낚아챈다. 기막힌 꼼수 작전이다! 암놈 시늉을 하는 이런 놈을 '쉬메일(she-male)'이라 하는데 사람에서는 '남성의 성기를 가진 여성' 따위를 일컫는다. 그런데 물고기, 뱀 등 다른 동물도 생식 기간 동안에는 성욕을 와락 느끼는 듯하다. 그렇지 않고서야 저렇게 악착같이 죽기 살기로 나댈 턱이 없다.

암수가 죽도록 같이 사는 일부일처제는 주로 오릿과(科) 새에 많다. 그런데 금실이 좋기로 이름난 오릿과의 원앙이 새끼들을 가지고 DNA 지문 검사(DNA fingerprinting test)를 해 보았더니 약 40퍼센트는 지아비와 피가 딴판이었다. 어미 원앙이가 서방질을 한 것이다. 쥐로는 드물게 가족생활을 하는 집쥐의 일종(Microtus ochrogaster)에서도 비슷하게 씨 도둑을 맞는다 한다. 가족생활을 하면서도 제 짝이 아닌 다른 녀석의 유전인자를 받아들이는 암놈의 행태를 어떻게 해석해야 할까.

'밀림의 왕자' 사자들은 할머니에서 손자까지 삼대(三代)가 보통 15~16마리가 모여 가족생활을 한다. 그런데 이 집안의 힘센 한두 마리의 대장 수놈은 딴 집에서 들어온 객식구들이다. 어느 집안이나 새끼 수놈이 어느 정도 크면 모두 방출시켜 버린다. 근친끼리 피를 섞지 않겠다는 것이다. 세월이 흘러, 뿔뿔이 떠돌이 생활을 하던 수컷들이 다 자라면 빼빼 마른 늙다리 수컷 집에 침입하여 그들을 몰아내고 어엿한 가장이 된다. 온 들판에 극악무도한 일이 벌어진다. 한데, 여기서 살생이 끝나지 않는다. 새로 대장이 된 수놈이 혈안이 되어 젖먹이 새끼 사자들을 무참히 살상하니 그것들을 없애 버려야 암컷이 다시 발정할 것이고, 그래서 제 종자를 심어 대통을 잇겠다는 것이다. 그놈의 씨(유전자)가 뭔지! 그런데 이런 본성은 사자만이 아니고 다른 영장류도 가지고 있다.

침팬지같이 멸종 직전에 놓인 것들을 종을 보존하고자 동물원에서 키우기도 한다. 자연 상태에서는 암컷 한 마리가 이놈 저놈의 정자를 받아 새끼를 낳기 때문에 갑자기 어떤 질병이 창궐하더라도 질병에 강한 놈이 있어 종족을 이을 수 있다. 그러나 동물원의 것은 한 마리의 정자만 받기 때문에 같은 형질의 새끼들이 태어나게 되고, 따라서 돌림병에 모두 죽어 버리는 일이 생겨난다. 여러 마리의 수놈을 짝으로 삼는 자연 원리는 앞의 원앙·쥐에서도 같으며, 때문에 조금도 나무랄 일이 아니다.

사람은 어떤가. 일반적으로 힘세고 멋 부리는 '골목의 사나이'가 여자들에게 인기가 있다. "저런 남자의 유전자를 받은 자식은 힘이 장사라 세상살이에 아주 유리할 것"이라는 것. 사람과 다른 동물의 성적 특성이 도통 같다고는 할 수 없지만 분명 닮았다고 말할 수 있을 듯하다. 휘젓고 다니는 남성들의 바람기는 많은 유전자를 남기겠다는 본능적인 것이고, 여자의 혼외정사는 건강한 유전자를 자식에게 남기고 싶어 하는 것이다. 생물학적으로는 이 또한 자연의 섭리요, 세상의 이치라 하겠지만 우리네 인간 사회에서는 도덕·윤리·종교가 용납하지 않는다.

살아 있는 단세포,
달걀

뒷밭에서 수탉 한 마리가 암놈 댓 마리를 거느리고 고개를 치켜들었다 돌렸다 두루 살피며 경계의 끈을 늦추지 않는다. 그러다가 짬만 나면 울대를 한껏 빼고는 연이어 꼬끼오! 그러고 나면 어느새 다른 집 수탉이 울고, 이렇게 돌림으로 하루 종일 울어 댄다. 그런데 아무리 봐도 수놈이 암놈을 쪼는 일이 없다. 물론 암놈이 달려드는 일도 결코 없다. 이것이 의초로운 닭의 금실이다. 동네 결혼식이 있을 때마다 닭 한 쌍이 식장 중앙에 떡 하니 버티고 있었으니 그 까닭이 여기에 있었다.

고모부들이 집에 오는 날에는 의당 장닭 한 마리 죽어 나간다. 일종의 닭서리다. 닭 목을 비틀어 놓고는 할머니께, "장모님, 저기 닭이 죽었던데요." 하고 사랑채로 내빼신다. 사위는 백년지객(百年之客)이라……. 다음 날 아침에 새벽같이 옆집 수탉 놈이 달려와서 우리 집 암탉을 마

47

구 휘몰고 다닌다! 태연하게 따라다니는 우리 암탉이 왜 그리도 미웠던지. 어제 왜 그것들이 돌림 노래를 했는지 알겠다. 닭이 우는 것은 영역(territory)을 침범 말라는 경고요, 텃세의 표시다. 그런데 옛날에는 야트막한 우리네 초가집, 아래채 지붕 꼭대기 용마루에도 한숨에 날아올라 탁 탁 탁! 두 날개를 세차게 치고는 목을 한 발이나 빼고 한 곡조씩 빼곤 했다. 그때는 다 닭을 내다 키웠기에 꿩처럼 날갯짓도 잘했다. 흰 박 덩이 몇 개가 드러누웠고, 고추가 빨갛게 말라 가는 지붕 위에 커다란 새 한 마리가 멋지게 우뚝 서 있는 그 운치라니! 이제는 농촌에서도 더 이상 볼 수 없는 한 폭의 그림이다.

수탉과 암탉이 다르다. 2차 성징(二次性徵)이라는 것으로, 수놈은 덩치가 크고 깃털이 예쁘며, 맨드라미를 닮은 볏은 크고 꼿꼿하고, 꽁지깃은 길게 활처럼 휘고 다리에 예리한 발톱이 있다. 닭 발가락은 앞에 셋, 뒤에 하나가 몸을 지탱하는데 그 끝에는 포유류의 발톱(toe)과 다른 갈고리발톱(claw)이 있다. 그리고 다리 아래에 각질(角質)의 뾰족한 돌기가 있어 이를 싸움발톱 또는 며느리발톱이라 하니 수컷은 아주 발달하였지만 암컷은 작게 흔적만 남았다. 그런데 저녁에 닭이 횃대에 올라 몸을 낮춰 쪼그리고 앉으면 다리의 힘줄(腱, tendon)이 발가락을 잡아당겨 저절로 홰를 꽉 붙잡게 되니 깊은 잠이 들어도 떨어지지 않는다. 그리고 닭들에게 모이를 주면 힘센 놈이 약한 것들을 쪼아 대면서 다 차지하려 든다. 위계질서(hierarchy), 계급(caste)이 서 있으니 이를 'pecking order(모이 쪼아 먹는 차례)'라 한다. 한번 정해진 순위는 평생을 가니, 서로 싸움을 피하여 힘을 헛되이 쓰지 않겠다는 것이다.

알 낳을 시간이 임박하였다. 암놈은 '골 골 골' 알겯는 소리를 하면서 알자리(처음엔 밑알을 넣어 줌) 근방을 맴돈다. 그러다가 둥지에 날아오르고 한참 지나 알을 낳는다. 알 끝을 바닥에 살짝 대면서 알을 낳기에 깨지지 않는다. 알이 20여 개 모이면 알 낳기를 멈추고 알 품기를 시작한다. 이것은 우리 토종 씨암탉 이야기다. 양계장의 알내기 닭들은 돌연변이 종들이라서 먹이만 잘 주면 쉬지 않고 알만 낳는다. 새끼를 배지 않은 젖소가 젖을 잇달아 쏟아 내듯이 말이다. 달걀('닭의 알'의 준말로 '계란'이란 말보다 훨씬 예쁨)에는 크게 봐서 흰색인 것과 갈색이 있으니 털색이 흰 닭이 흰 알을 낳고, 갈색인 것은 갈색 알을 낳는다. 알의 색깔도 엄마를 닮는다. 엄마 품은 제2의 자궁이라 하던가.

드디어 알을 안는다. 죽음을 마다 않고 시련의 시간을 모질게도 견뎌 내는 빛바랜 어미 닭은 초췌하며 몸이 축나고 털도 빠지고, 파리한 것이 꼴같잖다. 똥을 누기 위해 잠깐 비우는 것 말고는 맨입으로 옹송크려 눌러앉아 있다. 모정이 뭐람? 매사 '고양이가 쥐를 잡듯, 닭이 알을 품듯' 최선을 다하라고 타이르는 사유가 여기에 있다. 어머님 은혜는 백골난망(白骨難忘)이로소이다.

지루하게도 몸부림치며 틀어 안기를 스무하루, 열매에 씨앗이 들었듯이 달걀에 병아리가 들었다! 알을 깨는 아픔 없이 새 생명의 탄생은 없다. 둥지 안에서 마침내 피붙이, 새 생명의 소리가 들려온다! 찬연한 설렘이다. 줄탁동기(啐啄同機)라, 병아리가 알 속에서 부리로 알을 쪼고 어미도 새끼 소리를 알아듣고 알을 쪼아 준다. 병아리의 부리는 약한 지라 부리 끝에는 노란 원뿔 모양의 딱딱한 돌기인 난치(卵齒, egg tooth)가 붙어 있어 그것으로 껍데기를 깬다. 모름지기 서로 동시에 힘을 합쳐야 큰일을 이룬다. 병아리는 두 번 태어나니 곧, 암탉이 알을 낳고, 그 알을 품어 드디어 병아리가 태어난다. 부활절 달걀(easter egg)의 의미를 알 듯하다!

'하늘을 처음 나는 어린 새처럼 땅을 처음 밟는 새싹처럼' 쪼르르 쫑쫑, 어미를 따라다니는 병아리 떼! 갑자기 솔개가 덮치는 날에는 순식간에 어미 품에 들어가 숨는다. 언제나 긴장하여 사납기 짝이 없는 어미 닭이다. 저녁때면 어리를 열어서 싸라기를 흩어 주어 안으로 끌어들인다. 밤공기가 추워지면 어느새 어미 가슴팍에서 고개만 쏙쏙 내밀고 있다. 이렇게 어미 가슴에서 자란 병아리라야 나중에 새끼를 잘 돌본다. 부란기(incubator)에서 깬 것들은 새끼를 거천하지 못한다. 사랑도 받아 봐야 줄 줄을 안다. 그런데 알을 안길 때 달걀 말고도 오리 알이나 꿩 알을 안기기도 하니 그것들이 깨어나서는 암탉을 어미로 알고 따른다. 각인(刻印, imprinting)이 된 것이다.

새벽닭은 어찌 제시간을 알고 울까? 닭 몸에 '생물 시계(biological clock)'가 들어 있어서 그렇다고 한다. 사람이나 닭이나 어둠에서는 송과샘(松科腺, pineal gland)에서 멜라토닌(melatonin)을 많이 분비하여 잠에 들지만(시차 증후나 불면에 이 호르몬을 씀) 동틀 무렵 여린 빛에 멜라토닌 분비가 줄어들면서 잠을 깬다. 이기적인 인간들은 밤늦게까지 닭장에 불을 켜

두어서 멜라토닌 분비를 줄여서 산란을 촉진시키기도 한다.

달걀은 살아 있는 단세포다! 닭이 먼저냐 달걀이 먼저냐 하는 시시한 이야기는 하지 말자. 보나마나 창조론자들에게는 닭이 먼저고, 진화론자들에게는 달걀이 처음이다. 달걀 하나의 무게는 57그램이 기준이다. 겉의 달걀 껍데기와 안에 있는 두 겹의 얇은 알 막, 흰자위까지 합쳐 모두가 세포막에 해당하고, 노른자위(난황)가 세포질이며, 노른자의 양쪽에 알끈이 붙어 있어서 항상 위로 자리를 잡는 배반(胚盤, germinal disc)이 핵에 해당한다. 달걀 표면에는 7,000여 개의, 눈에 안 보이는 작은 홈이 그득 있다. 표면적을 넓게 하여 산소와 이산화탄소의 교환을 원활하게 하려는 것이다. 덧붙이면, 뭉뚝한 쪽에 있는 공기집(그러므로 달걀을 냉장고에 보관할 때는 뭉툭한 부분이 위로 가게 세움)에는 공기가 들어 있고, 양분을 산화하여 에너지를 낸다. 그러므로 오래된 달걀일수록 내용물이 점점 줄어들어 안이 비어 꿀렁인다. 삶은 달걀 껍데기가 쉽게 벗겨지는 것은 오래된 알이요, 잘 까지지 않는 것은 신선한 달걀이다.

달걀을 삶은 다음에 너 나 할 것 없이 찬물에 식힌다. 왜 그렇게 할까? 노른자를 보면 어떤 것은 샛노란데 어떤 것은 거무스레하면서 푸르스름하다. 후자는 달걀노른자에 들어 있는 철분(Fe)과 황(S)이 섭씨 37도 근방에서 황화철(FeS)이 된 탓이다. 결국 찬물은 철과 황의 결합을 막아서 노른자가 제 색을 내게 한다. 어라! 달걀에 화학이 숨어 있었구나!

생명의 신비,
DNA

핵산 DNA에는 유전 물질인 유전 인자가 들었다. 그렇다. 두 줄의 기다란 'DNA 가닥의 일부분이 한 개의 유전 인자'이다. DNA는 'DNA에 각인된 내림 물질', '부모에서 이어받은 DNA', '속일 수 없는 DNA', '생명의 본질인 DNA', '핏속의 DNA', '엄마를 쪽 빼닮은 DNA' 등으로 이제 누구나 예사로 쓰는 점잖은 말이 되었는데 예전에 머리에 든 게 많은 사람들이 즐겨 쓰던 '원형질(原形質)'에 해당한다고나 할까. 또 어떤 일이 매우 중요하거나, 정수(精髓), 핵, 중심, 기질이 된다는 의미로 "대한민국의 DNA가 거기에 녹아 있다.", "그것은 오늘 토론의 DNA다.", "민족의 DNA를 거기서 찾는다.", "DNA가 서로 다른 탓이다.", "DNA를 탓하지 말자.", "그들과 우리의 DNA가 다르지 않는가?", "영혼의 DNA, 민족의 원형질인 DNA를 계발할 것이다." 등등 DNA를 비유한다. 게다가 'DNA 검사'를 하여서 쓰나미(지진 해일)에 실종된 사람을 구분해 내는가 하면 친자 감별이나 범죄자를 찾아내는 데에도 쓰기에 이르렀다.

핵산(核酸, nucleic acid)이란 '핵의 염색체에 들어 있는 산성을 띠는 물질'로 1869년에 스위스의 생물학자 요한 미셰르(Johann Miescher)가 고름(화농)에 들어 있는 백혈구 속에서 발견하였다. 결정적인 것은 1953년에 제임스 왓슨(James Watson)과 프랜시스 크릭(Francis Crick)이 "DNA는 이중 나선 구조를 한다."고 발표하였으니 이것이야말로 생명 본질의 구조를 밝히는 효시요, 시금석이 되었다. 거기에다가 핵산에 배열하는 원자(原子, atom)의 위치를 알아내기 위해서 모리스 윌킨스(Maurice Wilkins)가 X선 회절(X-ray diffraction)로 도움을 줬으니 생물학, 화학, 물리학이 합동으로 이룬 금세기 최고의 종합 과학의 금자탑이라 할 수 있다. 이들 세 사람은 나중에 노벨상을 받았다.

핵산에는 DNA(Deoxyribo nucleic acid, 데옥시리보 핵산)와 RNA(Ribo nucleic acid, 리보 핵산)가 있으며 일반적으로는 DNA에서 RNA가 만들어진다. 그리고 DNA는 주로 핵에 있고 RNA는 세포질에 존재하며, DNA는 꽈배기 모양으로 꼬인 두 가닥(double strand)인 구조인 데 반해서 RNA는 달랑 외가닥(single strand)이고, 당은 리보오스(ribose)이며(DNA는 데옥시리보오스임) 염기는 우라실(Uracil, DNA는 티민)이다. 그리고 리보 핵산에는 mRNA, tRNA, rRNA, microRNA 등이 있다.

사람의 체세포 한가운데 그것의 10분의 1쯤 되는 핵이 있고, 그 속에는 염색체(染色體, chromosome) 46개(난자의 23개 염색체와 정자의 23개)가 들었으며, 염색체들은 염주(구슬) 모양의 히스톤(histone) 단백질과 그것을 실타래 감듯이 이중삼중으로 DNA 올이 돌돌 감고 있다. DNA는 전자현미경으로 봐야 겨우 보이는 아주 미세한 구조 물질로 이중 나선 구조(二重螺線構造, double helix structure)를 하니 쉽게 말해서 꽈배기처럼 뱅뱅 이중으로 꼬여 있고, 아데닌(Adenine), 구아닌(Guanine), 시토신(Cytosine), 티민(Thymine) 등 질소를 갖는 4가지의 염기(鹽基, base), 탄소를 다섯 가진 당(糖, sugar), 산성을 강하게 띠는 인산(燐酸, phosphate)으로 구성된 뉴클레오티드(nucleotide)라는 단위로 구성되어 있다. 다시 말하면 두 가닥이 뒤틀려 꼬여 있는데 그 뼈대를 이루는 것은 당과 인산이고 두 줄을 사닥다리처럼 서로 잇는 것이 염기로 A는 T와 G는 C와 끼리끼리 수소 결합을 한다.

결국 핵산 DNA는 A, T, G, C 네 염기 글자(letter)로 되어 있고, 이 네 글자가 어떤 순서로 이어져 있느냐에 따라서 유전자가 달라지며, 때문에 사람마다 얼굴이나 성질이 다른 것도 이 염기의 배열 순서의 차이에 따른 것이다. 이렇게 복잡다단한 생명의 본질(원천)도 알고 보면 네 글자에 있고, 엄청나게 큰 저 백과사전도 뜯어보면 14자의 자음(ㄱ~ㅎ)과 10자의 모음(ㅏ~ㅣ), 즉 24자의 글자가 모인 것이 아닌가.

놀랍게도 사람 체세포의 핵(46개의 염색체)에 들어 있는 DNA를 뽑아 모아 길이를 재어 보면 근 2미터(정확하게 말하면 183센티미터다!)나 된다고 한다! 그 작은 세포(핵) 속에 2미터나 되는 DNA가 들어 있다니 아연 놀라지 않을 수가 없다. 한 사람의 세포를 70~100조 개라 치고 거기에 든 DNA를 전부 이으면 지구 몇 바퀴를 돌리며(지구 둘레는 약 4만 킬로미터) 달까지 몇 번을 왕복할 수 있을까(지구에서 달까지는 약 38만 4400킬로미터)? 그래서 '세포는 우주'라 하는 것일까?

찰떡궁합이 따로 없다. DNA의 염기는 A-T(T-A), G-C(C-G)로 늘 상보적(相補的, complementary)으로 서로 결합하니 이런 염기의 짝을 염기쌍(base pair)이라고 한다. 23개의 염색체를 갖는 난자·정자(생식 세포)에는 각각 약 30억 개의 염기쌍이 들어 있고 그중에서 단지 10~15퍼센트만 실제로 유전자(gene) 구성에 관여하고 나머지는 염색체의 뼈대가 되거나 다른 유전자를 발현시키거나 억제하는 데 쓰인다고 한다. 그리고 그 염기쌍의 순서(차례)를 모조리, 낱낱이 밝히는 것이 '인간 게놈 계획(Human Genome Project)'이다. 이런 상상을 뛰어넘는 일은 '슈퍼컴퓨터'가 있었기에 가능했고, 여기에 '바이오(bio) 혁명'이 가세하여서 '제4의 물결'을 이루기 시작하였다.

하지만, 핵산은 의외로 안정된 물질이라 여간해서 변성(denature)이 일어나지 않으며, 연부역강한 젊은 시절에는 염기가 손상을 입어도 이내 효소(DNA polymerase)가 수선(repair)하는 특성을 가지고 있는데 늙어 고목(古木)이 되면 이런 수선 작업도 제대로 잘하지 못하기에 여러 가지 질병이 부쩍 늘어난다. 그런가 하면 무척 안정된 탓에 변화(진화)가 좀체 함부로 일어나지 않으니, 초파리만 해도 한 세대(代, generation)에 약 0.01퍼센트의 돌연변이율을 나타내고 사람도 역시 한 세대에 2만~2

만 5000여 개의 유전자(옛날에는 10만 개가 넘을 것으로 추정함) 중에서 고작 1 개 정도의 비율로 일어난다고 하니 DNA는 아주 철옹성마냥 야물고 단단한 놈이다. 그러기에 화석 속의 세균이나 매머드(mammoth), 미라 (mummy)의 손톱에 끝끝내 고스란히 남아 있어서 DNA의 염기 순서를 오롯이 찾아낼 수가 있다.

그리고 공포의 대상인 암(癌, cancer)이라는 것도 세포 속의 DNA 염기 배열이 순서를 거스르고 달라진 돌연변이(突然變異, mutation) 탓이다. 젊을 때는 발암 인자(發癌因子, oncogene)가 암 억제 인자에 눌려서 맥을 못 추나 늙으면 이것까지도 말을 듣지 않아 DNA 염기에 자주 이상(異常)이 생기고, 그것을 수선하지도 못한다. 결국 쉼 없이 분열케 하는 성장 촉진 물질(growth factor)이 생겨 암세포가 시도 때도, 늙고 젊고도 모르고, 또 죽지도 않고 미치광이처럼 분열을 계속하면서, 이리저리 넘나들어(전이) 금세 커다란 혹까지 생겨나서 이웃 조직에 딴죽을 건다. 죽음의 그림자를 어른거리게 하는 암에서 해방되는 길은 정녕 없는 것일까? 날고뛴다는 과학(의학)은 대체 뭘 하고 있는고?

알다시피 한 개의 세포(핵) 속에는 한 생물의 모든 유전 인자가 다 들어 있다. 그것을 증명하는 것으로, 어미의 젖샘 세포의 핵을 떼어 내어서, 핵을 제거한 난자에 집어넣어 키운 양 돌리(Dolly)가 어미와 꼭 닮은 것에서도 알 수가 있다. 나의 세포 하나를(어느 것이나 좋음) 떼어서 그렇게 조작하면 나와 똑같은 '제2의 권오길'이 태어난다는 것인데 이것이 '복제 인간'으로 그것 또한 한 개의 핵 속에 모든 유전 인자가 다 들어 있다는 것을 반증하고 있다.

애초에 거기에는 정녕 온갖 생명의 신비가 담겨 있으니 놀랍기도 하지만 온전히 나의 생사여탈을 눈에도 안 보이는 저 쪼그만 DNA가 쥐고 있다니 기가 찰 노릇이다. 여기까지 핵산이라는 빙산의 일각을 논했다. "글을 쓰는 것은 요리요, 읽는 것은 먹는 것이라."고 하니, 필자는 골 터지게 쓰지만 독자들은 좀 질기더라도 꼭꼭 씹어 먹으면 된다. 그리고 "서툰 목수는 연장 탓을 하지만 명필은 붓을 가리지 않는다."고 하는데 필자 또한 서툰 목공에 지나지 않아 그저 '코끼리 더듬기'를 한 것이 모두다.

신선의 손바닥,
선인장

어느 누구나 수렵 본능과 사육 본능이 DNA에 들어 있는지라 웬만한 집에는 사막 식물인 선인장이나 다른 '천손초', '용설란' 같은 다육식물(多肉植物, succulent plant) 한두 포기를 화분에 키우고 있을 터다. 외국인들도 그렇지만, 우리네가 다루는 식물들은 산과 들판에 나는 제 나라 것이 아니고 거의 눈에 선 남의 나라 식물이며, 그래서 그 중의 하나인 선인장도 인기를 끈다. 몇 해 전 말레이시아의 보르네오 섬에 있는 키나발루(Kinabalu, 고도 4,101미터)에 트레킹을 갔을 적에, 눈에 익은 그 비싼 고급 양란(洋蘭)이 등산길 자락에 흐드러지게 야생으로 피어 있는 것을 보고 화들짝 놀란 적이 있다. 알고 보면 당연한 일인데 말이지.

선인장(仙人掌)은 '신선(神仙)의 손바닥'을 닮았다고 붙은 이름이고, 그 종류가 하도 다양하여서 길쭉한 것, 넙적한 놈, 아주 공처럼 둥근 것 등이 있으니 '仙人掌'이란 말은 분명 줄기가 넓적한 놈을 따서 붙인 이름이다. 선인장(cactus, 복수는 cacti)은 주로 아득히 먼 멕시코 등지의 더운 사막이 원산지라 물을 적게 줘도 죽지 않지만(너무 습하면 안 됨) 추위에 약해 겨울에 관리를 잘해야 한다. 선인장은 더위와 가뭄에 견디기 위해 뿌리가 아주 발달하였으니, 키가 12센티미터밖에 안 되는 '사구아로(Saguaro)'라는 선인장의 경우 뿌리가 지름 2미터의 사방팔방 둘레에 가득 뻗어 있다고 한다. 그러나 깊게 들어가도 물이 없으니 10센티미터 이상은 파고 들어가지 않는다고 한다. 사막에도 비는 내리는지라 소낙비나 오는 날에는 서둘러 물을 한껏 흡수하기 위함이요, 줄기는 안개 중의 수분을 흡수하기도 한다. 세계적으로 1,770여 종이 사막 지대에 살고 있다는데 큰 것은 멀대같이 19.2미터나 되고 작은 것은 겨우 1센티미터에 지나지 않는다. 그 열 받는 사막에도 생물이 살고 있다!

선인장의 잎은 송두리째 자잘한 가시(spine)로 바뀌었고 다육 식물로 몸(줄기)에는 물을 많이 저장하는 저수 조직(貯水組織, water storage tissue)이 발달하며, 용설란(龍舌蘭), 알로에(Aloe) 등과 함께 건조에 강한 식물(drought-resistant plants)이다. 선인장의 가시와 완두의 덩굴손(tendril)은 발생 근원(잎)은 같으나 모양이나 기능이 다른 상동(相同, homology) 기관이다. 같은 잎이 하나는 다른 것을 붙잡는 덩굴손으로, 또 다른 하나는 예리한 가시로 바뀌었으니 자기에게 필요한 쪽으로 적응(변화)한 것이다. 그런데 선인장의 가시와 장미의 가시는 모양과 하는 일은 비슷하나 전자는 잎이, 후자는 줄기가 변한 것이라 이를 상사(相似, heterology)라 한다. 절절한 바뀜에 놀랄 따름이다. 우린 죽었다 깨어나도 그리 못한다.

앞에서 말한 대로 대부분의 선인장은 잎을 억센 가시로 거뿐히 바꾸어 증산(蒸散, transpiration) 줄이기를 도모하였으며, 하물며 날카롭게 돋친 가시는 다른 쥐 등의 사막 동물을 할퀴고 긁어 접근을 막는다. 일거양득이 따로 없다. 뼈대를 바꾸어 끼고 태를 바꾸어 쓴다는 환골탈태(換骨奪胎)가 이런 것이리라! 로마에 가면 더군다나 로마인이 되어야 하듯이 사막에 가면 선뜻 선인장을 닮아야 할 것이다. 꿔다 놓은 보릿자루·개밥에 도토리·물 밖에 나온 물고기 모양새가 되어선 안 된다. 그렇지 않은가? 환경에 기어코 적응(adaptation)한 것은 살아남고, 그렇지 못한 게으른 놈은 제 풀에 죽는다는 '적자생존(the survival of the fittest)'이란 말을 익힐지어다. 옳거니, 적응은 바뀌는 것이다. 결국 탈바꿈(변태)하지 않으면 죽는다. 어렵사리 바뀜이 있어야 온전한 기회가 온다! change라는 단어에서 g자를 c자로 바꾸어 보면 'chance'가 되더라! 오늘 걷지 않으면 내일은 뛰어야 한다!

선인장을 '백년초(百年草)'라고도 하는데 넌더리 나는 긴 세월을 자라야 간신히 꽃을 피운다는 의미다. 선인장은 쌍떡잎식물, 선인장과(科)의 현화식물(顯花植物, flowering plant)로 달콤한 향을 풍기는 꽃을 피운다. 꽃은 암술과 수술이 한 꽃에 있는 양성화이고, 자가 수분을 하지 않는 자가 불화합성(自家不和合性, self-incompatibility)에다, 해 저물녘에 금세 피었다 다음 날 아침에 퍼뜩 말끔하게 져 버리기에 꽃가루받이 매개자(pollinator)인 박쥐나 벌새(humming bird), 벌들이 반드시 있어야 한다.

일종의 선인장 열매인 용과(龍果, dragon fruit, 또는 pitaya)를 더운 지방에서 자주 보게 된다. 선인장 꿀(cactus honey)은 멕시코 특산 식물인 용설란 비슷한 아가베(blue agave)의 즙을 이겨서 우려내어 여과한 다음에 달이고 졸인 것이고, 역시 멕시코 특산인 용설란의 수액을 발효시켜 증류한 것이 테킬라(tequila)다. 마실 때는 손등에 소금을 올려놓고 그것을 핥으면서 쭉 들이켜는 것이 본디 방식이다. 쓸모 있는 출중한 선인장·다육 식물이로다!

하지만 결기 서린 가시투성이 선인장에 이파리가 없으면 어떻게 광합성을 하는가. 여느 선인장이나 줄기에 엽록체가 있어서 거기서 광합성을 하니, 그래서 선인장 줄기가 녹색을 띤다. 선인장은 사막의 생산자요, 그것을 먹고사는 소비자인 동물들이 여럿 있고, 다시 그것을 잡아먹는 뱀, 독수리 등이 있다. 사막은 살아 있어 이렇게 어엿한 생태계 고리를 이룬다. 그런데 미국 애리조나 사막을 내달리면서 차창으로 넘본 것 중에 오롯이 선연하게 마음에 남아 있는 것이 있었으니 교과서에서 읽은 그대로 가물가물 까마득하게 넓고 먼 사막에 선인장들이 듬성듬성 사람이 일부러 가꾼 듯이 일정하게 간간이 서 있더라는 것이다. 다 그렇듯 사막 식물들도 물과 양분, 햇빛 싸움을 하여 저절로 간격이 고르게 된다.

선인장 중에는 모양이 둥그렇게 공 모양인 것이 많으니 '가장 많은 부피를 가지면서도 제일 좁은 면적을 지니게 되며', 용하게도 그렇게 표면적을 줄이므로 수분의 증산은 물론이고 강한 햇빛도 덜 받는다. 신통하기 짝이 없다. 그리고 증산은 광합성을 하는 낮에는 거의 일어나지 않고 주로 서늘하고 습한 밤에 일어나기에 그나마 증발산량(蒸發散量)을 최대한 줄인다! 게다가 선인장 줄기에 밀랍 막(waxy coating)이 더께 앉아 있어서 수분이 날아가는 것을 막기도 한다.

아무리 85퍼센트의 물을 그득 갖는 '뚱보'라 하지만 지독히도 메마르고 팍팍한 무더운 사막에서 선인장이 무슨 수로 버틸까. 동물들이야 해가 진 뒤 사막이 식은 다음에 활동하기 때문에 문제가 없겠지만 말이다. 선인장의 줄기에는 보통 식물보다 더 많은 숨구멍(기공, stoma)이 워낙 촘촘히 나 있다. 숨구멍으로 물이 증발(evaporation)하므로(이를 '증산'이라 함) 기화열이 선인장의 열을 빼앗아 가기에 온도 조절(55도가 넘으면 죽음)이 된다. 그리고 숨구멍은 툭 불거졌으며 그 둘레에 하얀 털이 잔뜩 나 있다고 하는데(전부 헤아리면 보통 1제곱밀리미터에 200~1,239개나 됨), 불룩 솟은 것은 수분이 날아가는 것을 쉽게 하기 위함이고, 은빛 털이 있는 것은 빛을 반사하여 열을 덜 받게 함이라 한다. 별의별 희한한 장치를 다 한 숭고하고 거룩한 선인장이다! 물이 많이 날아가도 탈, 날아가지 않아도 탈이다!

필자도 한때 아리따운 선인장에 미쳐 100여 종을 모아 키워 본 적이 있다. 꽃가루받이를 붓으로 해 주고 나면 꽃이 이운 자리에 작은 씨가 잔뜩 맺힌다. 그것을 축축한 모래땅에 묻어 두면 아우성치며 새싹이 올라와 꼬마 선인장이 되는 것을 보며 즐겼다. 그런데 간혹 주변에서 연둣빛의 선인장 대에 올망졸망 꼬마 선인장('비모란'이라 함)이 무동을 서고 있는 것을 본다. 그것으로 꽤 많은 외화를 벌어들였다고 하는데, 위에 올라앉은 새빨갛거나 샛노란 선인장은 돌연변이를 일으켜서 엽록체가 없어진 놈이라 광합성을 할 엄두도 못 내고 빌붙어 산다. 그래서 밑 대로 쓰는 녹색 선인장을 면도날로 삐지고 그 위에다 역시 예리하게 자른 색깔 있는 선인장을 맞대 놓고 실로 꼭꼭 묶어 놓는다. 접붙이기다. 아뿔싸! 어쨌거나 사람 손을 탄 탓에 세계적으로 선인장까지도 끝내 보호를 받는 위기 종이 되고 말았다고 한다.

우리나라 제주시 한림읍 바닷가 모래밭에 터를 잡고 야생 상태로 아늑하게 살고 있는 다년초 선인장이 있다. 키가 2미터에 달하고 열매는 장과(漿果, 과육에 수분이 많고 연한 조직으로 된 열매)로서 보랏빛이 도는 것이 서양 배 축소판이다. 제주에 갈 일이 있거든 한번 찾아가 보시길.

의료에도 쓰이는
거머리

"말이 났으니 말이지 정분(情分)치고 우리 것만치 찰떡처럼 끈끈한 놈은 없으리라. 미우면 미울수록 싸울수록 잠시를 떨어지기가 아깝도록 정이 착착 붙는다. 부부의 정이란 이런 건지 모르나 하여튼 영문 모를 찰거머리 정이다." 김유정의 「아내」에 나오는 글 한 토막이다. 애증일로(愛憎一路)라! 사랑하므로 미워하노라! 부부란 예나 지금이나 미운정 고운 정 다 들어 토닥거리면서도 살갑게 살아간다. 암튼 자주 다투면서 산 부부가 되레 오래 산다고 하더라.

그런데 지긋지긋 끈덕지게 '찰거머리처럼' 착착 달라붙어 사람을 괴롭게 굴 때 '거머리 같은 놈'이라고 하는데 요샛말로 진절머리 난다는 스토커(stalker)라고나 할까. 거머리(leech)는 지렁이나 갯지렁이와 함께 몸에 고리(環)를 많이 가졌다 하여 환형동물(環形動物, Annelid)에 넣는다.

거머리 무리는 우리나라에는 2과(科) 15종이, 세계적으로는 500여 종이 있다 하고 종이 서로 달라도 체절(몸마디)은 모두가 34개이며, 특별나게 다른 환형동물에는 없는 5~8쌍의 눈(안점)이 있고, 빨판도 둘로 입 빨판(oral sucker)과 이것보다 더 큰 뒤 빨판(posterior suckers)이 있다. 앞의 것은 피를 빨거나 먹이를 잡는 데 쓰고, 뒤의 것은 숙주에 달라붙거나 움직이는 데 도움을 준다. 우리나라의 것이 보통 2센티미터쯤 되는 데 반해 칠레 남쪽의 거머리 한 종(Americobdella leech)은 몸길이가 놀랍게도 26센티미터나 되며 지렁이를 통째로 먹어 치운다고 한다.

거머리의 앞 빨판(3가닥이 남)에는 100여 개의 아주 작은 예리한 이빨이 나 있어, 어류, 양서류, 파충류, 조류, 포유류 같은 척추동물의 피를 빨아서 살아가는 녀석들, 이가 없어서 지렁이, 달팽이, 곤충의 유충, 갑각류 같은 무척추동물을 잡아먹는 것들, 생물체가 아닌 유기물 부스러기를 먹는 것 등 세 부류가 있다. 그리고 거머리는 세계적으로 분포하며 강이나 연못, 늪지대 등 민물에 사는 것, 땅바닥이나 열대 지방에서는 나무 위에 있는 놈, 바다에 서식하는 무리가 있으며, 다른 생물을 잡아먹기도 하지만 잠자리나 가재, 물고기, 개구리, 남생이들의 먹이가 된다는 점에서 생태계에 중요한 존재라 하겠다. 만물은 다 먹이 사슬에서 제자리(位)가 있고 그래서 세상에 하찮은 생명이 없다 하지 않는가.

거머리는 자웅 동체(난소와 정소를 다 가짐)이지만 지렁이나 다른 하등 동물처럼 반드시 짝짓기를 하여 정자를 맞교환한다. 머리와 꼬리를 반대로 하고 서로 달라붙어서 정자가 든 주머니 정포를 상대의 환대(環

帶, clitellum) 아래에 집어넣어 준다. 환대(고리 띠)는 성적으로 성숙할 때 생기는 생식 기관으로 지렁이와 마찬가지로 수정란을 둘러싸는 고치(cocoon)를 만들며 얼마 후에 거기서 새끼가 나온다(알을 60~500개 낳음). 정말이지 근친 교배가 해롭다는 것을 동식물들에서 배워 '우생학(優生學)'을 논하게 되었으니, 식물의 양성화(兩性花)에서도 제 수술의 꽃가루가 제 암술에 수분(受粉, 꽃가루받이)하여도 수정(受精, 정받이)이 되지 않으니 이를 '자가 불화합성'이라 하지 않는가. 거참, 지렁이나 거머리, 꽃 따위가 뭘 안다고……

필자는 지리산 자락(경남 산청)에서 자란 깡 촌놈이라 벼 논도 많이 맸었다. 정신없이 어른들 뒤꽁무니를 따라다니며 질퍽한 논바닥을 건성으로 훑고 있는데 갑자기 장딴지가 근질근질해 온다. 만지는 순간 손끝에 덜컥 느껴지는 미끈한 그 무엇에 등골이 오싹한 것이 섬뜩하다. 아! 거머리로구나. 번번이 당해 본 까닭에 단방에 알아차린다. 요새 사람들이 그랬다면 아마도 놀라 해장작을 팼을 것이다.

오늘 또 재수 옴 올랐다는 생각으로 논두렁으로 나가 의연함을 잃지 않고 풀 한 줌 뜯어 종아리의 흙탕물을 쓱 문질러 닦고, 조심스럽게 확 하니 이미 배가 불룩한 놈을 부여잡는다. 요놈을 그냥 둘 수 없다. 원한의 복수를 해야지. 대로한 나는 다짜고짜로 짱돌 벼락을 주지만 악동(惡童)의 장난기가 동하는 날에는 기어이 뾰족한 나무 꼬챙이로 똥구멍을 찔러 양달에 세운다. 가뜩이나 풀뿌리 나무껍질 먹고 만든 아까운 내 적혈구를 축낸 네놈은 대가를 오롯이 치르는 것이 마땅하다.

그런데 그때는 서툴러 그랬지, 윽박질러 당장 떼면 악바리들이 깨물고 있던 살점이 뜯겨져 상처가 커지고 피를 더 본다. 그러므로 손가락으로 슬금슬금 입 빨판 근방을 쓰다듬어 주다가 떼는 것이 옳다. 아니면 라이터나 담뱃불로 지지거나 소금, 비눗물, 식초 등을 붓는 방법이 있다.

거머리가 입(턱)으로 빤 피는 인두, 식도, 소낭(嗉囊, crop, 새의 '모이주머니'에 해당함)으로 내려가서 거기에 일단 피를 저장, 소화시킨다. 그런데 소낭은 신축성이 있어서 질탕하게 양껏 먹으면 자기 몸의 5배까지 늘어나며 거기에 든 피는 오래오래 머물지만 함께 있는 공생 세균(共生細菌) 탓에 썩지 않는다 하며, 1년에 한 두어 번 한껏 먹으면 끄떡이 없다 한다.

아직도 내 다리엔 피가 콸콸, 유혈이 낭자하다. 거머리에 물린 자국에서는 피가 한참 동안 멎지 않고 흐르니 거머리가 묻혀 둔, 피를 굳지 않게 하는 물질이 시나브로 씻겨 나가야 끝장난다. 거머리 침샘에는 피의 응고를 막는 항응고 효소(anticlotting enzyme)와 마취제(anesthetic), 피를 많이 흐르게 혈관을 확장하는 물질(vasodilator)이 있어, 이것들을 혈관에 집어넣으니 피가 응집하지 않고 거머리 목으로 술술 넘어가며, 거머리가 문다는 것을 못 느낄뿐더러 깨문 자리가 발그레하게 붓는다.

거머리의 침샘에 든 히루딘(hirudin)은 오래전부터 항응고 물질(anticoagulants)인 헤파린(heparin)과 함께 피가 응고하여 혈관을 틀어막는 혈전증의 예방 및 치료에 써 왔다. 1976년경에 히루딘의 화학 구조가 밝혀졌으며 지금은 여러 제약사에서 유전자 재조합으로 대량 생산하고 있다. 천연 히루딘은 고작 65개의 아미노산으로 구성되어 있으며 혈액 응고에 중요한 몫을 하는 트롬빈(thrombin)의 활동을 억제한다.

의성(醫聖) 히포크라테스(Hippocrates)는 "의술(의학)은 치료하고 자연은 치유한다(Medicus curat, natura sanat: Medicine cures, nature heals)."고 했다. 병을 다스리는 이 '자연'에는 푸나무나 세균, 곰팡이 같은 미생물에다 거머리도 든다. 거머리 요법은 2500년 전부터 정신 질환·피부병·통풍 등의 치료에 써 왔으며, 특히 정맥이 충혈되는 증세인 울혈(鬱血)에 의학용 거머리를 사용해 왔으나 세월이 지나면서 차츰 시들해지고 말았다.

그러던 것이 1980년대 이후에 비로소 다시 각광을 받기 시작하였다. 성형 수술·재건 수술·손발가락 접합 수술의 경우 아무리 정교하게 수술을 해도 정맥이 끊겨 있어 피가 제대로 돌지 않고 고여 퉁퉁 붓고 조직이 상하기 일쑤다. 여기에 거머리를 갖다 대면 악돌이는 눈에 불을 켜고 쏜살같이 달려들어 배가 빵빵할 때까지 피를 빨아 댈뿐더러 침샘의 히루딘도 상처 부위에 들어가 혈액 응고를 막으니 일석이조의 치료법이다. 이 치료에 국산보다 족히 3~4배나 되는 8~9센티미터의 영국산 거머리(*Hirudo medicinalis*)를 쓰는데 한 마리당 가격은 2만 5000원선이라 하며 수입 업체는 피에 굶주린 거머리를 '퀵 서비스'로 배달한다고 한다. 영국이나 러시아에서 토끼 고기나 소 피를 먹여 사육한다고 하는데 거머리가 이렇게 돈 될 줄이야 누가 알았나.

그러면 옛날 사람들은 어떻게 거머리 채집을 했을까? 그렇다, 영명하게도 녀석들은 무논에서 일하느라 철벙철벙 물장구에서 생기는 물결(水波)을 느끼고 오니 이를 '양성 주파성(陽性走波性)'이라 한다. 그러니

물에 들어갈 필요 없이 바깥에 퍼질러 앉아 장대로 찰싹찰싹 물 등짝만 두들기면 된다. 얇은 풀 이파리같이 납작한 놈이 할랑할랑 물살을 가르며 스치듯 떠오는 것(파상 운동)을 보면 귀엽고 예쁘다. 몸을 쓰지 말고 머리를 쓰라 했다.

이 글을 적다 보니 45년이 더 지난 옛날 수도여고에서 교편 잡을 때 일이 새록새록 떠오른다. 봄 학기 때면 걸스카우트 학생들이 신다 해어진 나일론 스타킹을 열심히 모았으니, 그것이 농촌으로 가서 거머리 예방용으로 쓰였다. 그런데 요새는 제초제가 있어 논매기를 아예 하질 않는다. 제초제나 농약 등쌀에 기어이 거머리도 턱없이 줄었다고 한다. 알량한 우리네 인간들의 탐욕 탓에 애꿎은 동식물만 죽을 맛이다.

여름

누가 뚫었나?
조개껍데기의 구멍

올 여름에도 참 많은 사람들이 삶의 여백을 즐기려 바다를 찾겠지. 그런데, "바닷가를 거닌 시간은 인생(나이)에서 빼 준다."는 말을 들어 본 적 있는가. 거참, '바닷가의 길손(strangers on the shore)'되어 바닷물 너울거리는 해변을 걷는 동안은 시간이 멈춘 탓에 늙지 않는다! 그리고 바다는 사람을 남자답게 만든다고 하던가.

그런데 왜 죽기 살기로 바다를 저렇게 찾고 싶어 하는 것일까? 바다가 뭐기에 그렇게 동경의 대상이 되고, 뭇사람이 내달려 가 풍덩풍덩몸 담그며 좋아들 하는가? 애당초 생명은 바다에서 생겨났다고 한다. 어쨌거나 우리가 280일간 컸던 어머니의 태(胎) 속의 양수가 요상하게도 바닷물의 짜기(염도)와 비슷하다. "어머니 몸 안에 바다가 있었네. 아이의 출산이란 바다에서 육지로 상륙하는 것이다."라고 했다. 하여, 어머니의 그 모래집물^(양수) 닮은 광활 무변한 바다가 그립고, 그 안에 푹 한번 담기고파서 목숨 걸고 쥐 떼처럼 바다로 몰려가는 것이리라. 바다는 으레 물고기의 집이요, 고향일 뿐인데 말이지…….

여기서 '쥐'란 레밍(lemming), 즉 '나그네쥐'를 지칭한다. 노르웨이 등지에 사는 이 설치류는 3~4년마다 한 번씩 대이동^(폭발)을 한다. 섬나라들이라 무한히 멀리 넓게 퍼져 못 가고 갇힌 상태인데다, 포식자가 없는지라 시간이 지나면서 개체 수는 터질 듯이 불고, 제일 가운데 사는 쥐들은 숨 막히게 조여 오는 가위 눌림을 이기지 못하고 급기야는 거침없이 밖으로 냅다 뛴다. 비슷하게 스트레스를 느껴 왔던 다른 쥐들도 '저게 왜 뛰어?' 하면서 죽거나 다치는 줄도 모르고 덩달아 우르르 따라나선다. 줄지은 쥐 떼는 드디어 바닷가 낭떠러지에 도달하고, 뒤에서 몰려드는 녀석들에게 떠밀려 어쩔 수 없이 절벽 아래로 퐁당퐁당 빠져 삶을 접는다. 이것이 우리가 살아가는 본디 모습과 별로 다르지 않으니 사람의 본성이 쥐를 닮았다. 아무튼 이렇게 나그네쥐처럼 무분별하게 남 따라 부화뇌동하는 것을 '레밍 효과(lemming effect)'라 한다. 옆집에서 어디를 갔다 왔다거나 친구가 뭘 샀다고 하면 그걸 따라 못해 안달이 나지 않는가? 어쨌거나 이렇게 주기적으로 쥐가 떼거리로 죽어 줌으로 스스로 집단 밀도를 성글게 조절한다.

그런데 바닷가에 가기 전에 미리 좀 알고 가도 좋을 것이 있다. 정말 그렇다. 아는 것만큼 보이고 보이는 것만큼 느낀다. 느낌을 위한 예습이다. 굴을 뚫는 땅굴 기계는 '나무속살이조개'를 흉내 내어 만들어진 것이란다. 나무나 늙은 목선(木船) 바닥에 틀어박혀 사는 조개를 서양 사람들은 'ship worm'이라 하니 말 그대로 '배벌레'다. 이들 조개는 모두 바다에서 살며 우리나라에도 4종이 있다. 조개껍데기에는 톱날 같은 예리한 돌기가 가득 나 있어서 이것으로 나무를 문질러 구멍을 내니, 1분에 8~12번 나무를 긁어낸다. 그리고 파낸 자리에는 야문 석회 성분을 분비하여 하얀 관을 만들고 거기에 몸을 집어넣는다. 1818년 프랑스 해군 군무원인 마르크 브루넬(Marc Brunel)은 나무속살이조개가 허우적거리며 나무에 굴을 파고들면서 나무 가루(톱밥)를 뒤로 밀어내는 것을 보고 굴착기를 발명하였다고 한다. 그렇다, 자연을 모방하지 않은 과학의 산물은 없다.

저런, 조개껍데기가 돌보다 세고 바위보다 강하다니! 바다에도 돌을 쪼고 다듬는 석공이 있다. 그것이 다름 아닌 '돌속살이조개'로 돌속에서 살면서 한살이를 보내는 조개다. 바위 틈새가 아닌 돌의 본체, 성성한 돌을 쑥쑥 쑤셔 파고 들어가 그 안에서 산다. 물렁한 축에 드는 석회암, 사암, 이암(진흙 바위)을 파고든다. 두 껍데기의 끝 부위에 예리한 조각칼이 붙어 있어 이것을 돌에 대고 아등바등 문질러 삽시간에 구멍을 뚫는다. 바위 안에 집을 튼 이것들은 한번 들어가면 빠져나오지 못한다. 죽을 때까지 거기에, 아니 죽어서도 그 속에 머물 수밖에 없다.

이제 드디어 바닷가 모래사장에 왔다. "조개껍질 묶어 그녀의 목에 걸고/물가에 마주 앉아 밤새 속삭이네/저 멀리 달그림자 시원한 파도 소리/여름밤은 깊어만 가고 잠은 오지 않네." 필자도 학생들과 채집 나가서 여름 밤바다의 정서가 물씬 풍기는 윤형주의 이 노래를 많이도 불렀다. 그런데 조개껍데기를 무슨 수로, 어떻게 묶어서 사랑하는 사람의 목에 걸어 준담? 일부러 송곳으로 구멍을 뚫어 실로 꿰었을까? 누구나 바다에 가면 바닷가의 나그네 되어 모래사장을 어슬렁거리게 된다. 거기에는 쪽빛 바다 파도에 밀려온 수많은 조가비(껍데기가 2장인 조개)들이 속배를 드러내 놓고 흐드러지게 널브러져 있다. 워낙 오랫동안 물에 씻기고 볕에 바래져서 하나같이 껍데기가 새하얗다. 펄썩 주저앉아 바싹 눈을 들이대고 어지러이 널려 있는 것들을 하나하나 살펴본다.

아니, 조개껍데기에 어찌 동그란 구멍이 뚫려 있다? 저기엔 분명 무슨 우여곡절이 있을 터다. 정신을 가다듬고 봐야 한다. 조개껍데기는 분명히 안팎이 있다. 어느 쪽에서 구멍을 뚫어 들어갔는가를 보란 것이다. 밖에서 안으로? 아니면 안에서 바깥으로? 맞다. 껍데기 밖에서 널따랗게 파기 시작해 안으로 비스듬히 파고들면서 점점 좁아지는 원추형 꼴로 작은 구멍이 동그랗게 뺑 뚫려 있다. 분명 누군가가 일삼아 구멍을 낸 것이다.

바다 속에는 포악한(?), 육식하는 천적이 있으니 바로 '구슬우렁이(moon shell)'인데, 모양이 둥그스름하고 껍데기가 아주 딱딱하며 겉이 밋밋하고 반들반들한 것이 이 무리의 특징이다. 연체동물끼리 먹고 먹힘이 일어난다. 공격하는 구슬우렁이는 껍데기가 돌돌 말린 복족류(腹足類)인 고동 무리이고 이것들에게 당하는 조개는 주로 껍데기가 2장인 이매패(二枚貝)다. 이 우렁이 무리는 우리나라엔 '갯우렁이' 등 40여 종이 있으며 주로 바다 모래 바닥에서 산다. 깊거나 얕은 곳을 가리지 않고 여러 곳에 서식하며 주로 밤에 활동한다. 망나니 녀석들이라 이매패뿐만 아니라 자기와 같은 무리인 복족류도 공격한다. 그리고 파도가 심하게 친 뒤에 갯가에 나뒹구는데, 갈매기 밥이 되기도 하지만 해물 칼국수 속에서 가끔 모습을 드러내기도 한다. 그리고 죽어 속이 빈 껍데기는 집게(hermit crab)의 집으로 안성맞춤이다.

조개에 난 구멍은 바로 '죽음의 구멍'이다. 배곯은 구슬우렁이가 조개 옆으로 슬금슬금 기어가 넓은 발로 억세게 조개를 꽉 틀어쥔다. 구슬우렁이 놈들이 꽉 닫힌 조개를 열어 먹을 수 없으니 입 안에 들어 있는 야문 치설(齒舌, radula)로 껍데기를 갈아 내고 문질러서 옆구리에 구멍을 낸다. 전기 드릴(drill)이 따로 없다.

치설이란 부족류(斧足類)를 제하고는 모든 연체동물이 갖는 기관으로, 먹이를 핥거나 자르는 일을 하는 일종의 이빨이다. 세월이 쇠를 녹인다고 했던가. 몇 날 며칠을 치설로 삭삭 긁고 녹여 조아 드는 소리를 조개는 듣고 있겠지! 죽느냐 사느냐, 그것이 문제로다. 구슬우렁이 놈은 조개껍데기가 화학 물질인 염산에 약하다는 것을 알기에 입에서 그것을 펑펑 쏟아부어 몰랑몰랑해진 패각(貝殼, 조개껍데기)을 쓱쓱 파고 들어간다. 이 또한 멋진 굴착기다.

드디어 조개껍데기에 꿰뚫린 구멍이 드러나고 만다. 먹고 먹힘의 순간이다! 이윽고 구슬우렁이는 능청맞게 이죽거리며 침샘의 독물을 조개 몸 안에 흠씬 쏟아붓는다. 조개는 얼떨떨해지면서 나른하게 마취

되어 폐각근(閉殼筋)이 힘을 잃고 두 껍데기가 맥없이 스르르 열려 버린다. 밉살스런 구슬우렁이는 냉큼 주둥이를 처박아 게걸스럽게 여린 조갯살을 남김없이 뜯어 먹는다. 그렇게 만들어진 것이 조가비 구멍이요, 한 맺힌 죽음의 구멍이다. 그 둥그스름한 구멍에다 실을 꿰어 '그녀의 목'에다 걸어 준다.

끝으로 동굴 애호가들이 즐겨 쓰는 이 말은 바닷가 사람들에게도 해당될 터. "그대들이 찍은 사진 외에는 아무것도 가져가지 말 것이고, 세월을 제하고는 어느 것도 죽이지 말며, 발자국 빼고는 아무것도 남기지 말고, 오직 사랑만 남겨 놓고 갈지어다(Take nothing but picture, kill nothing but time, leave nothing but footnote, put nothing but love)." 만경창파(萬頃蒼波), 아, 그리운 바다의 물결 소리여!

개미들의 젖소,
진딧물

진딧물(aphid, plant lice)은 매미목(目), 진딧물과(科)에 속하는 곤충이며 우리나라에 200여 종이, 세계적으로 무려 4,700여 종이나 된다고 한다. 보통은 몸길이 2~4밀리미터로 소형이며 몸 색깔은 갖가지라 녹색, 검은색, 갈색, 분홍색에다 대부분이 무색이며, 머리·가슴·배의 세 부분으로 나뉜다. 몸이 매우 무르고 약하며, 제5배마디와 제6배마디의 등판 양옆 위에 뿔(horn)/관(tube) 모양의 돌기 한 쌍이 꼬리 쪽을 향해 삐죽 솟아나 있으니 이것이 방어 무기인 '뿔 관(cornicle)'이다. 육안으로는 잘 보이지 않지만 종에 따라 원기둥, 사다리, 고리 꼴이며 숫제 이것이 없는 놈도 있다. 참고로 진딧물은 식물에 기생하면서 매미에 가까운 곤충이고, 진드기(tick)는 주로 동물에 기생하고, 응애(mite)는 동식물에 기생하는 진드기 닮은 놈으로 둘 다 거미(spider)와 가까운 동물이다.

진딧물은 같은 종(種)일지라도 계절에 따라 겉모습이 다르고, 또 날개(시, 翅)가 있는 것(有翅蟲)과 없는 것(無翅蟲)이 있어서 바깥 차림(외양)으로 종을 분류하는 것이 힘들다고 한다. 대부분의 진딧물은 푸나무의 잎, 줄기, 새싹에 잔뜩 달라붙어 식물의 즙을 빨아 먹어 해를 끼칠 뿐 아니라 곡식에 바이러스를 매개하여 겹으로 해를 끼치는 경우도 흔하다. 진딧물을 잡는 살충제가 많이 있지만 요새는 환경 친화적(eco-friendly)인 식물에서 추출한 물질이나 말벌과 같은 천적을 쓰는 추세다.

진디의 목숨앗이(천적)는 무당벌레(ladybug)의 성충과 유충(일부 성충은 감자 등의 식물 잎사귀를 갉아먹음), 풀잠자리 애벌레, 꽃등에 애벌레, 게거미(crab spider), 기생벌(말벌) 등이며, 농부와 정원사 입장에서 보면 고약한 해충(pest)이나 생물학적인 관점에서 보면 여느 곤충처럼 아주 성공한 생물이고, 때문에 생태계의 먹이 사슬에서 2차 소비자들에게(진딧물은 식물을 먹는 1차 소비자임) 아주 중요한 자리를 차지하는 귀중한 곤충이다. 그런데 보잘것없는 진딧물도 마냥 포식자들에게 먹히고만 있지 않는다. 뿔관에서 분비하는 끈끈한 액과 밀랍(wax)은 포식자의 주둥이를 부자유스럽게 만들뿐더러, 왁스로 몸을 둘러싸 버리거나 기생벌 따위가 오면 대들어 발질을 하며, 양배추 진딧물 같은 것은 겨자 냄새가 나는 화학물질을 분비하여 적을 쫓는다. 미물이라고 우습게 볼 일이 아니다.

진딧물은 살기 좋은 봄여름에는 오직 날개 없는 처녀 암놈만 존재하고, 배수체(倍數體, 2n)인 알이 수정하지 않고 발생하는 전형적인 무성생식(asexual reproduction)인 처녀 생식(處女生殖, parthenogenesis)을 한다. '새끼 낳는 기계'인 어미의 난소 소관(卵巢小管, ovarioles)에서 수정하지 않은 알 (2n의 미수정란)이 발생하여 새끼로 나오며(난태생), 20분에 한 마리씩 연신 어미를 빼닮은 새끼들이 태어난다. 이 어린 놈은 20~40일 후에 성충이 되어 다시 새끼치기를 한다. 그리하여 암놈 한 마리가 보통 41세대(世代)를 이어 가 수십 억 마리의 새끼를 깐다. 어안이 벙벙할 뿐이다. 게다가, 세상에 곤충인 진딧물이 새끼를 낳는다니! 결국 수컷이 없이 암컷 혼자서, 알이 아닌 다 자란 새끼를 낳아 대니 정말이지 진딧물은 기하급수로 늘어난다. 처녀 생식과 난태생(卵胎生, ovoviparous) 작전인 것이다! 하지만 그 많은 것들은 '먹고 먹히는' 생태계에서 포식자에게 거의 다 먹혀 버리기에 '진딧물 세상'이 안 되고 일정한 수를, 균형을 유지한다.

씨알머리가 너무 많아져 제가 빌붙어 사는 기주 식물(寄主植物)을 다 매조져 놓아 진액(津液)이 부족하거나 수액의 질이 떨어진다 싶으면 날개 돋친 새끼 암컷(유시충)이 느닷없이 생겨나서 얼른 다른 곳으로 날아가 솔가(분산)한다. 원래 날개가 있는 것은 수컷 진딧물이요, 봄여름에는 수놈이 생기지 않는데, 놀랍게도 갑자기 날개 달린 암컷이 생겨나니 그 까닭을 알면 노벨상감인데……. 정말 신묘하고 기이한 일이다. 갑자기 나타났다 사라졌다 하는 변환술(變幻術)에 능한 진디들이다!

일조 시간이 짧아지면서 기온이 떨어지고, 먹을 것도 시원치 않은 새치름한 이른 가을이 올라치면 살을 에는 고추바람이 불어올 것임을 일찌감치 알아차린 진딧물은 어김없이 덩치 큰 암컷 말고도 갭직한 작은 수놈(성염색체 1개가 암컷보다 모자람)이 생겨나 유성 생식(sexual reproduction)

을 한다. 이 역시 누가 그 원인을 알아내면 당연히 큰 상은 그 사람 몫인데! 이들 암수가 만든 난자(n)와 정자(n)는 수정하여 수정란(受精卵)이된다. 짝짓기를 한 암컷이 안전하고 따뜻한 곳에 낳은 수정란을 '월동란(winter egg)'이라 하며 좋지 못한 환경을 이겨 내기에 그렇게 겨울나기를 할 수 있다. 정자의 힘이 알에 실려 추운 겨울도 부대끼며 이겨 내게하는가 보다!

이듬해 초목이 싱싱하게 싹이 트는 따뜻한 봄에 비로소 그 알이 부화하니 그것을 간모(幹母, stem mother)라 부르며 그들 역시 모두 2n의 암컷이다. 이런 생식은 주로 온대 지방에서 일어나는 것이며 열대 지방에서는 1년 내내, 수년 동안 무성 생식(처녀 생식)을 이어 간다. 어이없게도거기는 수컷이 필요 없는 세상이로다! 사람을 더 놀라게 하는 것은 어떤 진딧물은 새끼(딸) 몸속에 새끼의 새끼(손녀)가 든 새끼를 낳는 수도있다고 한다. 무섭다. 무슨 수를 써서라도 새끼를 늘리겠다는 심보다!역시 번식은 생물의 본능인 것을!

그리고 진딧물은 일반적으로 정해진 제 짝 식물에만 기생하는(monophagous) 특징을 가지고 있다. 장미에 기생하는 진딧물은 언제나 장미 나무에만 달라붙는다! 진딧물은 아주 예리하게 발달한 입 틀(口器, stylet)을 가지고 있어서 잎이나 줄기에서 물이나 양분이 지나가는, 꽤나 딱딱하고 질긴 물관과 체관(합쳐 관다발 또는 유관속이라 함)을 찔러 구멍을 내어 즙을 빤다. 그런데 주로 양분이 많이 든 체관(phloem)을 선택하지만 뜻밖에 물관(xylem)에 주둥이를 꽂는 수도 있으며, 물관의 양분 농도는 체관 것의 채 1퍼센트도 못 된다고 한다. 진딧물의 먹이인 식물 즙액 속에는 단백질은 부족하지만 탄수화물은 넘쳐 나므로 여분의 당분(honeydew)을 항문으로 내놓는다. 이 달콤한 꿀물 감로(甘露)를 먹으려고 굶주린 개미나 파리들이 사방에 꼬이고, 잎에 떨어진 배설물에 그을음 세균이 끓어서 잎을 새까맣게 더럽혀 놓는다.

그런데 얍삽한 개미 중에는 진딧물과 어엿하고 멋진 공생 관계를 맺는 놈이 있다. 진딧물 천적이 진딧물을 잡아먹지 못하게 부리나케 쫓아 주고(그러므로 깜냥이 안 되는 무당벌레 유충이나 풀잠자리 같은 진딧물 천적들은 개미가 얼쩡거리면 지레 겁먹고 근방에 얼씬도 못함), 막 깨어난 진딧물 새끼를 다른 식물에, 겨울에는 새끼들을 땅속으로 옮겨 주기도 한다. 낙농업을 하는 개미(dairying ants)다. 진딧물 근방에 다른 포식자가 못 오게 쫓고 보살펴 준 대가로 더듬이로 진딧물을 톡톡 치면 '우유'를 흘려주니 진딧물은 '개미 젖소(ant cows)'인 셈이다.

사실 꼬마 진딧물은 단백질 덩어리라 넝큼 잡아먹으면 고소한 것이 맛도 일품일 터인데도 개미들은 천연덕스럽게 그들을 보살핀다! 이런 일을 놓고 흔히 "개미가 농사를 짓는다."고 하니, 긴긴 세월 그들은 그런 관계를 맺어 산전수전, 파란곡절 다 겪으며 함께 진화하면서 곰살갑게 살아왔기에 진딧물을 먹잇감으로 여기지 않는다. 게다가 더 사람을 놀라게 하는 것이 있으니, 여러 종류의 진딧물들은 몸속에 공생하는 세균을 가지고 있어서(곤충은 10퍼센트 남짓 공생 세균을 가짐), 세균들이 주로 탄수화물인 식물 액즙만 먹는 진딧물에게 기본 아미노산을 합성하여 보충해 준다고 한다. 이것저것들이 얽히고설키지 않은 것이 없으매, "독불장군 없다."는 말이 실감 난다.

여담이다. 해마다 필자는 고추를 200여 포기를 심고 가꾸어 풋고추 따 먹고, 물고추 말려 김장 고추, 끝 고추에 고춧잎도 갈무리한다. 5월 5일경 종묘장에서 모종을 소독해서 내놓기에 처음엔 별 탈은 없으나 가끔 진딧물과 노린재가 나타나 고추를 괴롭힌다. 하여, 고추 골 따라 살금살금 개미들의 동정을 살핀다. 고춧대에 개미 몇 마리가 뻔질나게 오르락내리락거리면 눈살이 찌푸려진다. 아니나 다를까, 거기엔 이미 진딧물이 들끓기 시작한다(그냥 두면 온 밭에 다 퍼짐). 기어코 그 자리에만 화학탄을 쏘아 버린다. 이렇게 몰래 숨어 있는 '생물들의 관계'를 알면 힘 덜 들이고 시간도 아낀다!

반딧불이가 내는 빛
반딧불

"개똥불로 별을 대적한다."는 말은 상대가 어떤지도 모르고 어리석은 짓을 하는 것을 일컫는다. 어림없는 소리다. 여기서 개똥불은 개똥벌레의 꼬리 불이다. 개똥벌레의 바른 우리말 이름은 '반딧불이'이고 한자로는 '형화(螢火)'요, 영어로는 'firefly'다. 그리고 '형설지공(螢雪之功)'이란 반딧불이의 꼬리 불빛과 눈(雪)빛으로 학업에 정진하여 입신양명(立身揚名)하는 것을 비유한 것으로, 중국 진(晉)나라 고사에 손강(孫江)과 차윤(車胤)에 관한 이야기가 나온다.

"손강은 겨울이면 항상 눈빛에 비추어 책을 읽었고, 차윤은 여름에 낡은 명주 주머니에 반딧불이를 많이 잡아넣어 그 빛으로 책을 비추어 낮처럼 공부하였다."고 한다. 필자도 어릴 때 이 이야기를 주워듣고 녀석들을 마구 잡아 유리병에 가득 넣어 흉내를 내 봤으나 별로 신통치

못했던 기억이 가물가물 난다(200마리는 돼야 겨우 신문 활자를 구분한다 함). 군색하고 팍팍한 질곡의 삶은 그들이나 우리나 하나도 다르지 않았다.

심해어나 일부 버섯과 미생물, 반딧불이는 예사롭지 않게도 몸에서 빛을 내니, 이들 발광 생물은 '빛(光)으로 말(言)'을 한다. 벌은 몸을 흔들어서, 매미나 개구리는 소리로, 나방이들은 냄새로, 파리나 모기는 날개의 떪(진동)으로, 박쥐는 초음파로 의사소통을 하는데 말이지. 하여 암수가 깜빡깜빡 빛으로 알리고 알아낸다.

자동차에서 내는 방향, 경고, 고마움을 표하는 꼬리 불도 분명 반딧불이의 그것을 본뜬 것일 터! 그런데 반딧불이의 종마다 빛의 세기, 깜박거리는 속도, 꺼졌다 켜지는 시간 차들이 달라서 끼리는 서로를 가늠한다. 그런데 도시에서는 불이 훤히 밝아서(빛의 간섭을 받아) 우리가 하늘의 별을 보지 못하듯이, 이것들이 서로 신호를 알아볼 수 없으니 불빛이 없다시피 하는 호젓한 미답(未踏)의 두메산골을 찾아들 따름이다. 우리가 어릴 때, 여름에 저녁밥을 먹고 바람 쐬러 나와 낮게는 키 높이로 나는 녀석들을 팔짝 뛰어 탁 쳐서 잡아 사정없이 꼬리를 잔뜩 떼어서 이마나 볼에 쓱 문질렀으니 그것이 '귀신 놀이'요, '인디언 놀이'였다. 얼굴에서 계속 빛을 발하고 있으니 그것이 바로 반딧불이 빛, 형광(螢光)이다. 유유자적, 어둔 밤 동구 밭 어귀에 별똥별처럼 흩날리던 모습이 아른거린다. 그때 그 시절에 장난감이 따로 없었으니 반딧불이는 우리들의 놀잇감이었다.

반딧불이는 절지동물문(門)의 곤충강(綱), 딱정벌레목(目), 반딧불잇과(科)의 곤충으로 보통 말하는 갖춘탈바꿈(완전 변태)하는 딱정벌레 (beetle)인데, 성충(자란 벌레), 알, 유충(애벌레), 번데기 등 모두가 빛을 낸다. 성체의 몸길이는 12~18밀리미터이고, 몸 빛깔은 검은색이며 앞가슴 등판은 귤빛이 도는 붉은색이다. 몸은 거칠고 딱딱한 외골격으로 덮였으며, 배마디 아래 끝에 엷은 노란색(담황색) 빛을 내는 발광기(light-emitting organ)가 있다. 다른 곤충처럼 암컷 덩치가 수컷보다 좀 크다. 반딧불이를 '개똥벌레', '반디', '반딧벌레', '반딧불'이라 부르며, 우리나라에 서식하는 반딧불이는 8종으로 기록되어 있으나 이제 와 실제로 채집이 되는 것은 기껏 애반딧불이, 파파라반딧불이, 운문산반딧불이, 늦반딧불이 등 4종뿐이라는데 나머지는 어디로 갔나?

반딧불이 아랫배의 끄트머리 두세째 마디에 특별히 분화한 발광 기관이 있고, 거기에서 발광 물질인 루시페린(luciferin) 단백질이 산소(O_2)와 결합하여 산화 루시페린(oxyluciferin)이 되면서 빛을 내는데, 이때 반드시 루시페라아제(luciferase)라는 효소, 마그네슘 이온(Mg^{2+})과 ATP가 있어야 한다. 그래서 발광 마디에는 산소 공급을 넉넉히 하기 위해 기관(氣管)이 무척 발달하였다.

그리고 백열전구에서는 고작 전기 에너지의 10퍼센트 정도가 가시광선으로 바뀌고 나머지는 열로 빠져나가는 데 비해 생물 발광 (bioluminescence)은 에너지 전환 효율이 아주 높아서 90퍼센트가 가시광선으로 바뀌기에 열이 거의 없는 냉광(冷光, cold light)이다. 참 신비로운 일이다. 이런 차가운 빛에는 자외선이나 적외선이 들어 있지 않으며, 화학적으로 만들어진 것이라 파장이 510~670나노미터로 옅은 노랑 또는 황록색에 가깝다. 잽싸게 이런 발광 원리를 생물 공학(biotechnology, BT)에 이미 널리 응용하고 있으니, 반딧불이의 발광(루시페린) 유전자를 바이러스에 집어넣어 각종 유해(有害) 세균을 빠르게 검출하는 데도 쓴다고 한다.

여느 생물이나 종족 보존을 위해 아등바등 애써 힘겹게 살고 있으니 반딧불이 이야기 또한 결코 시시하다 할 수 없다. 이들은 번데기에서 성충으로 날개돋이(羽化) 할 때는 이미 입이 완전히 퇴화해 버리고 말았으니 내처 살아 있는 동안에 도통 아무것도 먹지 않는다. 대신 기름기(지방)를 몸에 그득 쌓고 나와서 그동안 아무 탈 없이 지낸다. 물론 외국의 어떤 종은 성충이 벌레를 먹기도 하며 식물의 꽃가루나 꽃물(nectar)을 먹는 종도 있다고 한다. 그리고 암놈들은 날지 못하는 종도 있다. 늦반딧불이의 암컷은 하나같이 겉날개(딱지날개)뿐만 아니라 얇은 속날개(주로 이것으로 낢)까지 송두리째 퇴화하여 날지를 못하는 앉은뱅이 신세다.

됨됨이가 미욱하다 탓하지 말자. 하여, 풀숲에서 우러러보고 "여보, 나 여기 있소." 하고 '사랑의 신호'인 깜박이를 날려 보내면 사방팔방 떼 지어 나부대던 수컷들이(암수의 성비는 수컷 대 암컷이 50대 1임) 살포시 내려앉아 다가간다. 달도 차면 기우는 법, 머잖아 삶을 접어야 하는 탓에 바쁘다 바빠! 무슨 수를 써서라도 씨(DNA)는 퍼뜨리고 죽어야 하니 말이다. 한 보름 살 것을 가지고 그 고생을 한담!

아무튼 짝짓기를 하고 4~5일 지난 밤 이끼에 300~500개의 알을 낳고, 알은 3~4주 무렵 부화하여 유충이 되어 여름 내내 4~6회의 껍질을 벗으면서 자란다. 그런데 이들 애벌레는 물에 사는 것과 땅에 사는 것 둘이 있다. 우리나라 종 중에서 애반딧불이(*Luciola lateralis*, '애'는 '작다'란 뜻임) 유충만이 고즈넉한 산골짜기 실개천에 살고 나머지는 모두 땅에서 산다. 과연 그것들이 뭘 먹고 자랄까? 반딧불이 새끼들은 죄다 연체동물을 탐식(貪食)하니, 물에 사는 애반딧불이 유충은 다슬기나 물달팽이를 잡아먹고 나머지 땅에 사는 것들은 밭가에 사는 달팽이나 민달팽이를 잡아먹는다.

이제 겨울이 왔다. 애송이들은 매서운 칼 추위를 피해 보통은 가랑잎더미에 몸을 묻거나 땅속으로 파고들기도 하지만 더러는 두꺼운 나무껍질 안에서 겨울나기를 하기도 한다. 어느 결에 늦봄(4~5월)이다. 물속에서 유생 생활을 하는 애반딧불이 유생도 번데기가 되기 위해 비가 오는 밤에 땅으로 올라간다. 1~2주간 흰 몸을 한 번데기 시기를 거치고 난 다음에 날개를 달아(우화하여) 성충으로 비상하니, 빠르게는 5월 초에 그들의 낯을 볼 수가 있다. 유독 느리광이 늦반딧불이는 7월 초가 되어야 성충이 되기에 서리가 내리는 만추까지 우리와 같이 지낸다.

신통방통한 고얀 일도 다 있다. 북아메리카의 반딧불이 중에서 포투리스(*Photuris*)속(屬)에 드는 암컷이 다른 포티누스(*Photinus*)속의 수컷 반딧불이를 잡아먹는 섬뜩한 일이 벌어진다. 수컷의 몇 배나 되는 암컷이 꼬마 수컷의 신호를 훔쳐서(일종의 의태임) 깜박깜박! 유인하여 잡아먹는다. 그래서 이런 암놈 반딧불이를 팜므 파탈(femme fatale)이라 이름 붙였으니, 원래는 멋들어진 매력으로 남성을 끝내 파멸에 이르게 하는 몰염치한 요부(妖婦)를 이르는 말이다.

반딧불이의 포식자는 새나 도마뱀 따위들인데, 반딧불이의 몸속에 스테로이드(steroid) 계열의 독을 가지고 있어 천적에 앙버티고 덤벼들기도 한다. 이렇든 저렇든 반딧불이가 시나브로 줄어들어 절멸 직전에 있다니 걱정이 태산이다. 없어서는 안 되는 농약이나 제초제지만, 여태껏 스스럼없이 뿌려 온 탓에 애벌레의 먹잇감을 없앤 결과로 아예 생태 고리(먹이 사슬)가 잘려 버리고 말았다. 저 일을 어쩌지? 대뜸 목에 뭐가 탁 걸리는 느낌이다. "여우 두 마리가 숲 하나를 나눠 쓰지 못한다."고 하지만, 너(생물)와 내(사람)가 한사코 서로 소중히 여기며 늘 살갑게 더불어 살아가는 아름다운 상생의 길을 찾아야 할 터다.

작은 흡혈귀,
모기

"메뚜기도 오뉴월 한철"이라고 모기도 끝까지 기승을 부린다. 이럴 때 서둘러 알을 슬어 새끼를 잔뜩 불려 놔야 이놈 저놈들에게 잡혀 먹히고 무서리 내려 이리저리 다치고 얼어 죽어도 씨는 남는다. 모기는 생태계의 먹이 그물을 존존하게 얽어 나가는 데 없어선 안 되는 중요한 한 코로, 미꾸라지 한 마리가 하루에 1,000마리가 넘는 장구벌레를 잡아먹는다 하고, 박쥐나 잠자리 또한 모기 없인 살지 못한다. 세상에 어느 것 하나 당최 필요 없이 태어난 것은 없다는 말씀!

장장하일(長長夏日), 긴긴 한낮 더위에 녹초가 되어 꿀잠을 청하려는데, 앵! 하고 대드는 모기 소리에 소스라치게 놀라 온 실핏줄이 바짝 쪼그라들고, 반사적으로 손바닥을 휘둘러 내리쳤으나 딱! 제 볼때기만 아플 뿐 허탕이다. 아귀다툼이 따로 없다. 부아가 치밀어 갈팡질팡

오두방정을 떨고 나면 초주검이 되면서 절치부심, 긴 밤 우두커니 뜬 눈으로 지새울 것 생각하면 교감 신경 줄이 한껏 팽팽해지는 것이, 이 밤이여 어여 가라! 견문발검(見蚊拔劍), 모기 보고 칼을 뽑는다? 우도할계(牛刀割鷄), 소 잡는 칼로 닭을 잡아? 수틀린다고 주저리주저리 악다구니할 수도 없고, 속절없이 놈들에게 부대끼고 만다.

이렇게 모기가 우리를 고달프고 질리게 할뿐더러, 매년 세계적으로 100만 명이 넘게 생명을 앗아 가는 학질(말라리아)을 옮기기에 별의별 수단을 다 써서 기어코 잡으려 든다. 그러나 얄미운 모기 놈은 앙버티면서 호락호락 넘어가지 않는다. 수놈 모기를 불임(不姙)으로 만들어 암놈이 짝짓기를 해도 새끼를 낳지 못하게도 해 봤고, 근래 들어선 유전자 재조합으로 아예 깨물지 않는 모기 만들기를 시도하기도 했지만 판판이 헛발질이다.

모기(蚊, mosquito)는 알 → 애벌레(유충) → 번데기 → 어른벌레(성충) 시기를 거치면서 탈바꿈한다. 번데기 시기가 있는 완전 변태(갖춘탈바꿈)를 한다는 말인데, 고인 구정물에 알을 낳으면 그것들이 이틀도 안 되어 깨서 장구벌레(타악기 장구를 닮아 붙은 이름)가 되고 1~2주 안에 4번의 허물 벗기(탈피)를 하여 곧 번데기로 바뀌며, 번데기는 2~3일 지나면 껍질을 벗어 날개를 달고 물에서 공중으로 날아올라 성충(成蟲)이 된다.

놀랍게도 이것들은 날개를 달고 나오자마자 짝짓기를 한다! 때마침 해 질 무렵 또래 수컷들이 떼 지어 공중을 날고 암컷은 그 속으로 잽싸게 날아들어 씨를 받는다. 정자를 받은 암놈은 거침새 없이 흡혈귀(吸

血鬼)가 된다. 보통 때는 암놈과 수놈이 다 같이 꿀물이나 식물의 진액 (즙)을 먹고 살지만, 온혈 동물(조류와 포유류)의 피에 든 단백질이나 철분 (Fe)이 알의 성숙과 발생에 필수적이기에 어미는 피 사냥을 나선다. 암놈은 1~2주를 살고, 그동안에 알을 3~7회 번갈아 낳으니 모두 합치면 한 마리가 낳는 알이 700여 개가 넘는다. 그리고 보통은 조류(藻類, algae) 나 세균, 다른 여러 미생물을 먹고 살며, 복부 여덟째 마디에 있는 숨구 멍으로 숨을 쉰다(늘 숨구멍 끝을 공기 밖으로 내놓음). 한물간 이야기지만, 때문 에 그것들이 살고 있는 웅덩이에다 석유 몇 방울 떨어뜨리면 숨관이 막 혀 죽어 버리니 예전엔 석유(기름) 뿌리기가 모기 퇴치법 중의 하나였다.

모기는 절지동물문(門), 곤충강(綱), 파리목(目)(쌍시목, 雙翅目), 모깃과 (科), 모기속(屬)의 벌레로 우리나라에 50여 종(種)이 산다. 모기 날개는 파리 무리와 마찬가지로 2장이기에 이들을 쌍시류(雙翅類, Diptera)에 넣 으며, 그림에 날개가 4장인 파리나 모기가 있다면 그것은 선입관념이 만든 오류다. "곤충은 날개가 4장이다."라는 선입견 말이다. 이것들은 뒷날개가 퇴화되고 앞날개만 남았으며, 대신 뒷날개는 평형간(平衡杆, halteres, balancer)이라는 하얀 작은 돌기로 바뀌어 몸의 평형을 조절한다. 평형간을 그 모양이 곤봉(棍棒)을 닮았다 하여 평형곤(平衡棍)이라고도 한다.

이른바 모기 앞날개의 진동음이 앵(500~600헤르츠)! 하는 소리다. 알 고 보면 그 소리는 같은 종끼리, 또 암수가 서로 소통하는 사랑의 신호 다. 그런데 보통 날개는 종에 따라 1초에 250~500번을 떤다고 하니 믿어지지가 않는다. 그대, 위대한 모기여! 3밀리그램밖에 안 되는 그 작은 놈이('mosquito'는 포르투갈어로 '작은 파리'란 뜻임) 우레 소리를 내다니! 그리고 모기들도 제가 즐겨 사는 삶터가 정해져 있으니 멀게는 반경 4킬로미터까지 나가지만 대개는 1킬로미터 안에서 산다.

그리고 모기 눈은 있으나 마나며 모든 자극은 더듬이(antennae)가 받아들인다. 모기는 어찌 사람이 거기에 있는 줄 알고 몰래 찾아드는가. 모기 따위의 곤충은 사람이 내뿜는 체열, 습도, 이산화탄소, 땀에 들어 있는 지방산, 유기산, 젖산과 화장품 등의 온갖 냄새 나는 곳으로 내처 날아가(오)니, 예를 들어 젖산은 20미터 거리에서, 이산화탄소는 10미터 밖에서 벌써 알아차리고 그곳으로 꼬인다. 한 생물이 화학 물질이 자극이 되어 그 쪽으로 모이는 현상을 양성(陽性, positive) 주화성(走化性)이라 하는데, 모기가 전형적인 예가 되겠다. 그러니 대사 기능이 떨어지는 어른보다는 물질대사가 활발한 어린이가, 또 병약한 이보다는 건강한 사람이 모기를 탄다. 왜 나만 모기가 무나 했더니…….

난데없이 모기 한 마리가 내 손등에 내려앉았다. 입 끝에는 예민한 감각털이 있어서 여기저기 주둥이를 굴리면서 살갗 중에서도 아주 보드라운 자리를 찾아 헤맨다. "까짓 먹어 봐라, 이놈아. 설마 하니 적혈구 몇 개를 먹겠냐." 하고 물끄러미 내려다본다. 그런데 "모기가 깨문다(bite)."는 말에 어폐(語弊, 잘못)가 있다. 모기는 결코 살을 깨무는 것이 아니다. 모기는 부드러운 피부에 먼저 침(타액)을 흠뻑 발라 두어 살갗의 지방 성분을 녹이는 분해 효소가 언저리를 흐물흐물하게 한 후, 됐다 싶으면 그때 예리한 침(針, cutter)을 깊게 모세 혈관에 닿도록 쿡 찔러 넣는다. 실핏줄에도 혈압이 있는지라, 구멍 뚫린 핏대에서 피가 솟아오르니 절로 입 대롱을 타고 모기의 위(胃)로 흘러든다. 땅을 깊게 파서 아래 수맥에 다다르면 지하수가 저절로 펑펑 솟아오르는 것과 다르지 않다.

그건 그렇다 치고, 모기가 날름 배불리 먹고 날아간 다음에야 아! 깨물렸구나 하고 때늦게 기별이 온다. 일반적으로 모기가 물 때 집어넣는 진통제 탓에 아픈 줄 영 모르고, 항응고제 때문에 피가 굳지 않으니 단숨에 술술 흘러든다. 그런데 살갗이 모기(벌레)에 물리거나 상처가 나면 곧바로 근방에 있던 백혈구가 몰려와 그 자리에 히스타민(histamine)을 마구 분비한다. 히스타민은 모세 혈관을 확장시키고 혈관의 투과성(透過性)을 높이기에 다친 자리에 피가 많이 흐르게 되고, 혈액이 조직 사이로 스며들어 열이 나고 벌겋게 부어오르면서 가렵거나 쓰리고 아프다. 그리하여 다친 자리에 혈장 단백질(항체가 듦)이나 식세포(食細胞, 백혈구의 일종임)를 더 많이 흐르게 하여 빨리 낫게 한다. 때문에 아주 가렵거나 매우 아프지 않으면 항(抗)히스타민제 약을 바르지 않고 그냥 두는 것이 백번 옳다. 내 몸은 내가 알아서 치유(治癒)한다! 약이란 단지 도우미(helper)일 뿐!

그러면 모기는 과연 창(門)을 가로로 잘라 삼등분하였을 적에, 위, 중간, 아래 어느 쪽으로 날아들었을까? 무거운(찬) 공기는 아래로 들어오고 가벼운(더운) 공기는 위쪽으로 흘러 나간다는 대류(對流)의 원리를 알면 이해가 쉽다. 몸에서 내는 열이 공기를 데워 땀 등의 뭇 화학 물질을 천장으로 들어 올려 창(門)의 위쪽으로 이어 흘러 나가고, 그 냄새를 맡고 모기는 날아든다(양성 주화성).

모기향은 제충국(除蟲菊, insect flower)이라는 국화과 식물에서 뽑은 것으로, 모기가 싫어하는 피레드로이드(pyrethroid)라는 신경 마비 물질이 들어 있다. 이 물질이 사람에게 해롭지는 않다고 하나, 결코 몸에 좋은 물질은 아닐 것이다. 결론이다. 모기향이나 유아용 매트는 책상 밑이나 방바닥에 내팽개쳐 놓지 말고 반드시 저어기 장롱이나 책장 위에 올려 놓을 것이다. 과학을 알면 편하다고 하던가? 모기향이 열 받은 공기를 타고 위쪽으로 돌아 나가기에 모기가 그 냄새에 식겁하여 얼씬도 못한다(음성 주화성). 건강에도 그쪽이 훨씬 나을 터, 꼭 그리하시라.

흙의 창자,
지렁이

간밤에 비가 억수로 내렸다. 언제 그랬느냐는 듯이 새 아침에 날이 개고 화창하기 그지없다. 언뜻 창밖을 내다보니, 학교에 간다고 나서던 꼬마가 땅바닥에 엎드려 뭔가를 뚫어지게 내려다보더니만 만지작거리기 시작한다. 뭘 하나 궁금하여 고개 숙여 본 어머니는 순간 질겁한다.

꿈틀거리는 지렁이를 아들 녀석이 집게손으로 자랑스럽게 끄집어 올리고 있지 않은가. 엄마는 아이의 등짝을 냅다 세차게 내려치곤, "이 놈아, 더럽다." 하고 고함을 내지르며 서둘러 아이의 뒷목을 낚아채 끌고 간다. 자못 머쓱해진 녀석은 지렁이에 미련이 남아 버텨 보지만, 어머니 꾸중에 마지못해 끌려간다. 연약한 '과학의 싹'을 가꾸어 주는 현명한 어머니가 많아지길 바란다.

지렁이를 사투리로 거생이, 거시, 것깽이라고 하고, 한자로는 구인

(蚯蚓)/지룡(地龍), 영어로는 earthworm(땅벌레)/night crawler(밤에 기어 다니는 녀석)라 부른다. 비 오면 마당에 기어 나오는 '붉은지렁이'(*Lumbricus terrestris*, 학명의 속명 *Lumbricus*는 '둥글고 길쭉한', 종명인 *terrestris*는 '땅'이란 뜻임), 두엄 더미 등에 떼 지어 사는 꼬마 '줄지렁이', 나무뿌리 근방에 사는 '회색지렁이' 등이 있다. '지렁이'란 말은 어쩐지 뜨악한 느낌이 드는 수가 있으니 '지'는 땅이라는 뜻의 '地'이고, '~렁이'는 구렁이, 능구렁이, 우렁이 등에 붙는 '~렁이'일 터다.

지렁이는 고리(環) 모양(形)을 한 여러 마디(체절)가 있어 갯지렁이, 거머리와 함께 환형동물(環形動物, annelida)이라고 부른다. 지렁이의 대표로 치는 '붉은지렁이'는 다 크면 보통 100~175개의 마디에 몸길이는 12~30센티미터가 된다(열대 지방에는 심지어 4미터가 넘는 것도 있다 함). 그리고 지렁이에는 체색보다 좀 옅은 환대(環帶, clitellum)라는 것이 있는데, 이것은 둥그스름한 고리 띠 모양이며, 몸통의 약 3분의 1 지점(32~37번 체절 사이)에 있어서 환대에서 가까운 쪽 끝이 입이고 그 반대쪽이 항문이다. 환대는 생식에 관여하는 기관(나중에 알을 모아 넣는 고치를 만듦)으로 어릴 때는 없다가 성적으로 성숙하면서 드러난다. 그러므로 꼬마 지렁이의 앞뒤 구별은 더더욱 어렵다.

지렁이 무리는 산언저리, 들판의 흙, 늪, 동굴, 해안, 물가 등 안 사는 곳이 없으며, 세계적으로 7,000여 종이 넘는다고 하며, 한국에는 '실지렁이' 등 60여 종이 사는 것으로 알려져 있으나 아쉽게도 한국 지렁이는 생각보다 깊게 연구가 이뤄지지 않았다. 지렁이 몸마디마다 맨눈으로는 보이지 않는, 8~12쌍이나 되는 까끌까끌하고 억센 강모(剛毛, 센털)가 뒤로 살짝 누워 있어서 땅바닥이나 흙 굴에 몸을 박기 쉽도록 할뿐더러 몸이 미끄러지지 않도록 받쳐 주기에 뒷걸음질을 하지 않는다. 지렁이·뱀이 그렇듯이 과학이라는 것도 늘 앞으로만 설설 기어가지 뒤로 물러나지 않는 속성이 있다.

대부분의 지렁이는 잡식성으로 흙 속의 세균(박테리아)이나 미생물(원생동물), 식물체의 부스러기와 동물의 배설물도 먹는다. 이런 유기물들은 지렁이 창자를 지나는 동안 흙과 함께 소화되며, 거무튀튀한 똥은 아주 좋은 거름이 되니 흙을 걸게 하는 더없이 유익한 놈이다. 집(땅굴)을 짓느라 두더지처럼 여기저기 땅을 들쑤시고 다니기에 흙에 공기 흐름(통기)이 잘 일어나 식물의 뿌리 호흡에도 그지없이 좋다. 하여 찰스 다윈(Charles Darwin)은 흙 속의 지렁이 굴을 '흙의 창자(intestine of soil)'라 불렀다. 지렁이가 바글바글 들끓는 땅은 건강한 땅이요, 지렁이가 득실거리지 않으면 아무짝에도 쓸모없는 땅이다. 그랬구나!

게다가 지렁이가 약 된다고 끓여 먹으니 토룡탕(土龍湯)이요, 지렁이를 찌고 볶아 가루를 내어 식용으로 가공한 식품도 이미 개발 중이라고 한다. 그뿐만 아니다. 지렁이의 몸에서 혈전(血栓, 피가 응고하여 혈관을 막음)을 예방하는 약 성분을 뽑아낸다. 사람의 간에서는 피가 굳는 것을 예방하는 헤파린이 늘 만들어지지만, 세월을 먹어 몸이 쇠약해지면서 그 기능이 부실해지므로 지렁이에서 뽑은 혈전 예방용 약인 룸브리키나아제(lumbrikinase)를 먹는 이도 늘어난다.

지렁이는 예사로운 생물이 아니다. 지렁이는 암수한몸이라 몸에 정자를 만드는 정소(정집)와 난자를 형성하는 난소(알집)가 모두 있다. 그런데 지렁이는 제 난자와 정자가 자가 수정(self-fertilization)을 하지 않고 반드시 다른 지렁이와 서로 정자를 맞바꾼다(영영 외톨이 신세인 때는 자가 수정을 함). 사실 지렁이뿐만 아니라 대부분의 하등 동물도 자웅 동체(雌雄同體)지만 딴 놈과 짝짓기를 하는 타가 수정(cross-fertilization)을 하며, 동물만 그런 것이 아니고 식물도 자가 수분(제꽃가루받이)을 피하니 이런 것을 자가 불화합성이라 한다. 근친결혼을 하면 유전 형질이 좋지 못한 자식을 낳는다는 것을 이들 지렁이나 식물에서 얼른 배워 터득하였으니 그것이 우생학이다.

지렁이가 따로 교미기가 있을 턱이 없다. 가까스로 짝꿍을 만난 지렁이들은 난소와 정소가 들어 있는 12~13번째 체절(體節)이 맞닿게 서로 찰싹 달라붙는다. 짝짓기는 보통 1시간 정도 이어지는데 사랑이 워낙 거센지라 이때는 멀찍이서 손전등을 비추어도 꿈적 않는다. 이것들은 팔다리가 없으니 까칠한 강모와 끈끈한 점액이 굳어 붙으며, 정자가 몸뚱이에 나 있는 작은 홈을 타고 가 상대의 생식 구멍으로 들어간다. 급기야 난자와 정자가 수정하면 환대가 스르르 입 끝으로 움직인다. 수정란을 감싸면서 미끄러져 내려와 알주머니인 고치를 만들고, 기껏 한두 개의 수정란이 든 고치(난포)를 땅에 묻는다. 난포의 크기는 6밀리미터 정도이며, 2~3주 끝에 부화하여 어린 새끼 지렁이가 나온다. 지렁이는 주기적으로 짝짓기를 하여 1년에 10개에서 수백 개의 알을 이따금씩 낳는다. 오래 사는 녀석은 6년을 넘게 산다고 한다. 장수는 지렁이로다!

지렁이를 잡아 접시에 넣어 먼발치에서 바라본다. 느닷없이 다들 접시 가장자리로 허둥지둥 꿈틀꿈틀(연동 운동) 기어가 긴 몸통을 벽에 바싹 달라붙인다. 당연히 야행성이라 어두운 쪽으로 몰린다. 여러분은 버스를 타면 사람들이 지나다니는 통로 쪽에 앉는가, 아니면 창가로 들어가 어깻죽지를 차창에 쓰윽 기대는가? 어쨌거나 지렁이도 사람도 어딘가에 몸을 비스듬히 대려 드니 이런 행동을 '양성 주촉성(陽性走觸性, positive thigmotaxis)'이라 하고, 얄궂게도 지렁이의 가장 하등한 행동을 사람이 썩 빼닮았다!

지렁이가 사람에게 득 되는 것은 두말할 필요가 없고, 지구의 생태계에서 피식자(被食者)로서 얼마나 긴요한 몫을 차지하는지 모른다. 이를테면 지렁이는 두더지, 새, 오소리, 고슴도치, 수달 말고도 셀 수 없이 많은 동물들의 먹잇감이 된다. 그렇다, 나름대로 세상에 필요 없이 태어난 것이 없다 하듯이 옥(玉)같이 아리따운 지렁이가 없다면 자연 생태계(먹이 사슬)가 어떻게 되겠는가. 거생이도 밟으면 꿈틀한다! 아무리 보잘것없고 힘 약한 사람도 얕보거나 업신여기지 말지어다! 다 나름대로 재능 하나씩은 갖고 태어나는 법이니.

도우미 식품,
막걸리

요즘 막걸리 인기가 하늘 높은 줄 모르고 천정부지(天井不知)로 치솟는다고 하지. 그럼, 그렇고 말고, 우리(내) 것이 좋은 것이여! 내 거라고 괄시도 받았던 너, 한(恨)을 풀었도다. 만방(萬邦)에 우뚝 선 우리 막걸리! 허나, 거안사위(居安思危)라, 잘나갈 때 더 조심하는 법. 교만은 절대 금물!

아마도 '술'이란 말은 "술술 잘 넘어간다."고 붙은 이름일 터이다. 술은 밥이나 고기같이 애써 씹을 필요가 없고, 창자에서 따로 힘들여 소화시킬 이유도 없다(실은 소화시키는 데도 많은 에너지가 듦). 닭이 물 마시듯 고개를 치켜들어 목구멍으로 붓기만 하면 된다. 술(C_2H_5OH)은 포도당($C_6H_{12}O_6$)보다 훨씬 작은 분자(分子)로 잘려졌기에 세포에 스르르 스며들어 곧바로 열과 힘을 내니 세상에 이리 좋은 음식이 어디 있담! 누가 뭐래도 술은 '마시는 음식'이다.

술은 모르는 사람 사이에 걸쇠를 풀어 주고 마음에 묻혀 있던 진심을 절로 노출시키며 팽팽했던 넋의 끈을 느슨하게 한다. 고인 마음을 흐르게 하고 숨은 얼을 일깨워 되새기게 하며, 가끔은 색(色)을 매개하기도 한다. 또 '술은 가장 부작용이 적은 약'이라고 '약전(藥典)'에 버젓이 쓰여 있지만 이 또한 과유불급(過猶不及)이라 과하면 까탈을 부린다.

옛날에 내 어릴 때 우리 집에서도 자주 술을 담갔다. 찹쌀이나 멥쌀을 시루에 찐 꼬들꼬들한 된밥이 지에밥(고두밥)이요, 그것은 맨손으로 집어 먹어도 쌀알이 손에 붙지 않는다. 그놈 얻어먹는 재미라니! 아니다, 엄마 몰래 슬쩍슬쩍 걷어다 먹었다. 그것이 식으면 누룩(밀을 굵게 갈아 띄움)과 버물어 깨끗이 소독한 술독에 우겨 넣고, 아랫목에다 곱게 모시고는 담요나 홑이불로 둘둘 말아 둔다. 한 이삼일 지나면 독 안에 불이 붙는다. 작은 분화구(噴火口)가 여기저기 내처 부글부글, 부걱부걱, 뽀글뽀글 팥죽 끓듯 거품(이산화탄소)을 튀긴다. "난데없이 물에 불이 붙었다." 하여 술을 '수불'이라 불렀다고 한다. 한마디로 술이 괴는 것이다. 하루 이틀 뒤면 술독이 식고 괴도 잠잠해지면서 제풀에 술 도가지가 잦아드니 이제는 용수를 집어넣어 맑은 술 청주(淸酒)를 뜬다.

그런데 여러분 중에는 '용수'란 단어가 귀에 선 사람들이 있을 것이다. 용수란 싸리나 대오리로 만든 둥글고 긴 통으로, 술이나 장을 거르는 데 썼을뿐더러 죄수의 얼굴을 보지 못하도록 머리에 씌우거나('용수갓'이라고 함), 꿀을 딸 때 벌에 쏘이지 않게 머리에 쓰기도 했다. 죽부인

(竹夫人)을 좀 닮았다고 해 두자. 여기에 끈을 달아 푹 익은 술독에 용수를 꾹 눌러 청주(정종은 일본 말임)를 짜고 나서 남은 건더기에 물을 부어 얼거미(어레미)에서 팍팍 치대서 국물을 뽑아내니 그것이 막(함부로)거른 '막걸리'다. 이렇게 탁주를 짜내고 남은 찌꺼기가 지게미요 그것으로 아침밥 때우고 학교를 갔었다. 그리고 술을 소주 고리에서 증류하여 내린 것이 소주다. 아, 군침이 도누나! 허나 제발 과음은 삼가시라. 그러나 그게 마음대로 안 되니 탈이로다.

여기까지를 다시 본다. 고두밥은 다름 아닌 녹말$((C_6H_{10}O_5)n)$ 덩어리다. 그리고 누룩에 들어 있는 누룩곰팡이($Aspergillus\ oryzae$)들이 다당류인 녹말을 이당류인 맥아당(엿당)으로, 그것을 아주 간단한 단당류인 포도당으로 분해한다(그래서 덜 된 술은 단맛을 냄). 술독의 녹말 분해가 우리 몸에서 일어나는 소화(가수 분해) 과정과 똑같으며, 누룩에는 누룩곰팡이 말고도 흔히 '술 약'이라 부르는 효모(yeast)와 여러 세균도 그득 들어 있다. '발효의 어머니'라고 부르는 효모는 누룩곰팡이가 분해해 준 포도당을 더 작은 물질(분자)인 술(에틸알코올, 에탄올, C_2H_5OH)로 잘라 나가니 이것이 알코올 발효($C_6H_{12}O_6 \rightarrow 2C_2H_5OH+2CO_2+2ATP$)다. 고맙기 그지없는 곰팡이·효모, 당신들 덕에 술맛을 보다니! 포도당은 탄소(C)가 6개인데 에탄올은 2개로 아주 간단해졌기에 마시기만 하면 지체 없이 단방에 힘이 솟는다. 절대로 술은 '도깨비 오줌'이 아니며, 주신(酒神) 바쿠스(Bacchus)가 만들어 준 감로수(甘露水)다!

술은 도우미 식품이라 하겠다. 다시 말하거니와 술은 허기진 배를 이내 달래 주기에 좋고 반주(飯酒)로 한잔하면 입맛을 돋우고 혈액 순환을 도와 건강에 보탬이 된다. 술은 미생물들이 소화를 다 시켜 놓은지라 꿀꺽꿀꺽 마시기만 하면 술술 창자에서 흡수되어 포도당보다 더 빨리 힘을 낸다. 하지만 술 또한 칼날처럼 양면성을 지녔기에 마시면 더 마시고 싶고, 노상 그놈에게 목 잡혀 사는 주정뱅이·알코올 중독자가 되기도 한다. 술 그거 적당히 마실 수 없을까? 기분 좋다고 벌컥 한잔, 슬프다고 벌컥 한잔, 그러다가 곤드레만드레 녹초가 되거나 뻗고 만다. 어찌할 거나, 참 아쉬운 일이다.

예전에는 집집마다 초 단지가 있었다. 단지나 술병에 막걸리를 통째로 쏟아붓고 뜨뜻한 부뚜막에 두서너 달 진득하게 뜸 들이면 초산균(acetobacter)들이 술을 '초산 발효(醋酸醱酵)'시켜서 식초를 만든다. 간단히 말해서 술이 아세트알데히드(acetaldehyde)를 거쳐 식초(acetic acid, CH_3COOH)가 되는 과정을 '초산 발효($C_2H_5OH+O_2 \rightarrow CH_3COOH+H_2O$)'라 하며, 초산 세균은 산소가 있어야 사는 호기성 세균인지라 초 단지에 마개를 하면 안 된다. 결론이다. 식초는 술보다 더 간단한 구조를 하는 탓에 더 빨리 에너지를 낸다. 나이 들면 '소염다초(少鹽多醋)'라, 소금기를 줄이고 식초를 많이 먹으라 한다. 실은 식초보다 더 빨리 에너지를 내는 것은 구연산(枸櫞酸, citric acid)과 같은 과일에 든 유기산(有機酸)이다. 곧 하거든 과일을 먹어라!

그런데 식초 단지나 깎아 버린 과일 껍질에 눈곱보다 작은 꼬마 파리가 달갑잖게 떼거리로 달려든다. 서양 사람들은 과일, 특히 바나나에 놈들이 잘 오기에 'fruit fly'라 하니, 설익은 기자들은 그것을 직역하여 '과일파리'라고 쓴다. 에이, 이런 망신스러운 일이. 우리는 신(초)것에 잘 낀다고 '초파리'라 부른다. 초파리(*Drosophila melanogaster*)는 알코올 발효/초산 발효 중인 과일즙을 먹고 살기에 알코올 분해 효소(ADH)와 아세트알데히드 분해 효소(ALDH)가 많은 파리 무리에 속하는 곤충이다. 선천적(유전적)으로 이런 효소가 없어 술을 전연 못 마시는 친구를 놓고 "초파리만도 못하다."고 놀린다. 미안하게도 그 사람은 간간이 술 좀 마시고 고주망태가 돼 보는 것이 소원임을 모르고 말이지.

그런데 요샌 어찌 그리도 나무 심는 기술이 발달하였는지, 옛날부터 까다롭기로 유명한 소나무, 그것도 아름드리나무를 통째로 뽑아 옮겨 거뜬히 살려 내니 격세지감(隔世之感)이 든다. 서슴없이 뭉툭뭉툭 큰 뿌리를 홀랑 다 잘라 버리고 안타깝게도 조막만 한 덩어리 하나만 달랑 매달고 있는 그 큰 소나무를! 그런데 사람·초파리만 막걸리를 마시는 것이 아니다. 봄가을에 나무를 이식한 후에 막걸리를 흙구덩이에 출렁출렁 넘치게 붓는다. 도대체 왜? 아뿔싸, 나무더러 술 먹고 취기(醉氣) 느끼라고 그러는 것은 아닐 터.

막걸리를 주는 것은 토양 세균(soil bacteria)들이 뿌리둘레에 깃들어 무럭무럭 자라고 살찌라고 그러는 것이다. 옮기느라 마구잡이로 잘려 생채기 난 뿌리를 낫게 해 주는 것은 이들 토양 미생물들의 몫이다. 다시 말하지만, 건흙에는 여러 종류의 미생물들이 들끓어서 뿌리를 튼튼하게 해 주고, 한편 식물의 뿌리는 여러 가지 달콤한 유기 영양소를 미생물들에게 준다. 그래서 뿌리 근방의 흙에는 다른 자리보다 50퍼센트나 더 많은 세균들이 득실득실 꾄다고 한다. 세상에 공짜는 없는 법. 뿌리에게서 도움을 받은 토양 미생물들은 물에 녹지 않는 불용성(不溶性)인 무기 영양소를 잘 풀리게(녹게) 하여 흡수를 거들어 준다. 알고 보니 식물과 토양 미생들은 서로 주고받기, 공생(共生)을 한다. 기막힌 상생(相生)이다! 나무도 좋아한다는 막걸리를 살펴보았다.

몸에도 좋고 정신에도 좋다는 술! 사람이나 술이나 '발효(fermentation)'라는 농밀(濃密)한 뜸들임 끝에 맛있는 풍미(風味)를 낸다! 고산(윤선도) 선생께서는 "술을 먹으려니와 덕(德) 없으면 문란하고/춤을 추려니와 예(禮) 없으면 난잡하니/아마도 덕예(德禮)를 지키면 만수무강하리라."고 하셨으니…….

조개와 물고기의
공생

물은 물고기의 집일뿐더러 조개의 집도 된다. 온 세상의 강과 호수에 사는 물고기와 조개, 곧, 어패류(魚貝類)는 절묘한 '더불어 살기', '서로 돕기'를 한다. 공생, 공서(共棲)라는 것 말이다. 조개는 물고기 없으면 못 살고 물고기 또한 조개 없으면 살 수 없다. 불가사의하다고나 할까, 오랜 세월 함께 살아오면서 '공진화'를 한 탓이다.

여기서 공진화(共進化, coevolution)란 생물들이 서로 생존이나 번식에 영향을 미치면서 진화하는 것이다. 포식자와 피식자, 기생자와 숙주끼리 한쪽의 적응적 진화에 대해서 대항적 진화 또는 협조적인 진화를 하는 것을 말한다. 한마디로 긴 세월 질곡의 삶이 만들어 낸 산물이다. 나 없인 너 못 살고 너 없이는 내가 못 산다? 악연이던 선연(善緣)이던 간에 둘이 이렇게 연을 맺고 산다니 정녕 신묘하다.

우리나라 강에 살고 있는 민물고기 210여 종(외래종 포함) 중에 유독 납자루아과(亞科)에 속하는 납줄개속(屬) 4종, 납자루속 6종, 큰납지리속 2종 등 12종과 모래무지아과의 중고기속 3종, 모두 합쳐 15종의 어류가 조개에 알을 낳는다. 물고기는 다 물풀이나 돌 밑에다 알을 낳는데 이 무리들은 기이하게도 반드시 조개에 산란한다. 그런가 하면 우리나라에 서식하는 17종 조개 중에서 말조개, 작은말조개, 칼조개, 도끼조개, 두드럭조개, 곳체두드럭조개, 대칭이, 작은대칭이, 귀이빨대칭이, 펄조개 등 6속 10종의 석패과(石貝科, Unionidae)에 속한 돌처럼 야문 조개들은 유생(幼生)을 물고기에 달라붙인다. 조개는 껍데기 2장을 가지고 있다. 그래서 이매패라고 한다. 조개를 꼭지 끝이 위로 가게 두고 볼 때 오른쪽 끝에 수관 2개가 있다. 위에 자리 잡은 가는 것이 출수관(出水管)이고 아래 굵은 것이 입수관(入水管)이다.

앞서 이야기한 이들 물고기들은 산란 시기가 되면 갑작스레 암수 몸에 변화가 일어난다. 수컷은 몸 색깔이 아주 예쁜 혼인색(nuptial color)을 띠어 멋쟁이가 된다. 암컷은 여태 없던 산란관(産卵管, 알을 낳는 관)이 항문 근처에 늘어나니 줄을 길게 달고 다니는 산불 끄는 헬기 꼴이 된다. 산란관의 길이는 종(種)에 따라 달라서 큰 조개에 산란하는 놈은 제 몸길이보다 긴가 하면 작은 것에 산란하는 녀석들은 제 몸길이의 반이 안 된다. 이 산란관은 수란관(輸卵管)이 길어진 것이고, 산란 후에는 몸으로 빨려 든다. 이렇게 멋진 혼인색과 긴 산란관은 발정의 신호다.

잘생기고 건강해야 좋은 짝을 만날 수 있고, 그래야 훌륭한 후사를 보게 되는 것이니 '성(性)의 선택'이라는 것이다. 곱씹어 말하지만 물고기나 사람이나 후손을 잇지 못하면 도태하고 만다. 한데, 요상하게도 이 물고기들은 언제나 산 조개에만 알을 낳는다. 플라스틱으로 만든 진짜 닮은 가짜 조개는 쳐다보지도 않는다. 물론 조개를 찾아내는 것은 수놈 몫이다. 제가 차지한 조개 가까이에 다른 수컷이 나타났다가는 난리가 난다. 휙 휙! 주둥이로 들이박거나 몸을 비틀어 후려쳐 텃세를 부린다. 그러다가 관심을 보이는 암놈이 나타나면 가까이 다가가 부라린 눈에 몸을 부르르 떨기도 하고, 방아 찧기, 곤두박질치기, 지그재그로 갖은 교태(嬌態)를 다 부려 암놈을 산란장(조개)으로 유인한다.

눈치 빠른 암놈은 순간적으로 벌어진 조개 수관에 산란관을 꽂아 넣어 알을 쏟고 내뺀다. 어물거리면 조개가 입을 닫으니 동작이 재빠르다. 그러기를 반복하면서 여기저기에 알을 낳는다. 중고기 무리는 입수관에, 납자루 무리는 출수관에 산란한다. 옆에서 지켜본 수놈은 잽싸게 달려가 입수관 근방에다 희뿌연 정자를 뿌린다. 입수관으로 물과 함께 들어간 정자는 외투강(중고기 무리의 알이 듦)이나 아가미 관에 끼어 있는(납자루 무리의 알들임) 알을 수정시킨다. 아가미에 가득 끼어 있는 물고기 알들이 조개의 숨쉬기를 힘들게 하는 것은 당연하다.

물고기의 모정과 부정이 가득 고여 있는 조가비, 조개는 피 한 방울 안 섞인 다른 자식을 품은 대리모(代理母)가 된 셈이다. 무슨 이런 기구한 운명인가! 조개 몸속의 알(한두 개에서 30~40개 정도)은 다른 물고기에 먹히지 않고 고스란히 다 자라서 나오는지라 여읜 자식이 하나도 없다. 강물에는 조개를 통째로 꿀꺽 삼키는 동물이 없지 않은가. 그래서 이들 물고기는 다른 물고기들에 비해서 알을 적게 낳는다. 예로, 붕어 한 마리가 평균 6만 7827개를 낳는 것에 비해 이들은 알을 300~400개 정도밖에 안 낳는다. 이런 것을 보상 작용이라고 하는데, 요새 사람들이 유아 사망률이 낮아진 것 때문에 출산을 적게 하는 것과 똑같다. 수정란은 조개 속에서 약 한 달간 자라서 1센티미터 정도의 어린 물고기가 되어 밖으로 나온다.

이 어린 물고기가 다 자라 어른 물고기가 되어 새끼 칠 때가 될라치면 제가 태어난 안태본(安胎本)인 조개를 찾는다. 연어가 모천(母川)을 찾아들듯이 자기를 탄생시켰던 바로 그 조개들을 찾아가 알을 낳는다. 유전 인자(DNA)에 각인되어 있는 것으로 일종의 귀소 본능이요, 회귀 본능인 것이다. 너무나 신비로운 어류들의 비밀스런 생태다.

아무튼 세상에 공짜는 없다. 반드시 갚음을 한다. 그래서 이제는 조개가 물고기에게 신세를 질 차례. 우연일까 필연일까? 물고기와 조개의 산란 시기가 거의 일치하니 말이다. 석패과 조개는 어린 물고기 시절 한 달 가까이 붙어살았던, 돌아온 어미 물고기(母魚)의 향긋한 젖 내를 잊지 못한다. 물고기가 조개에 산란키 위해 주변에 얼쩡거리면 재빨리 알을 훅 훅! 내뿜는다. 여기서 '알'이라고 했지만, 실은 이미 꽤나 발생이 진행한 1.5밀리미터가량의 '유패(幼貝)'로, 이를 갈고리라는 뜻의 '글로키디움(glochidium)'이라 부른다.

글로키디움에는 2장의 여린 껍데기가 있고, 그 끝에 예리한 갈고리

(hook)가, 그 갈고리에 수많은 작은 갈고리(hooklet)가 있다. 그 갈고리로 물고기의 지느러미나 비늘을 쿡 찍어 물고 늘어진다. 그뿐 아니다. 글로키디움은 가늘고 긴 유생사(幼生絲, larval thread)라는 실을 늘어뜨려 놓는다. 일종의 올가미인 셈인데, 종에 따라 몸길이의 60배나 된다. 물고기가 지나치다 올가미에 걸리면 몸을 감아서 무전여행(無錢旅行)을 한다.

물고기는 숙주이고 글로키디움은 기생충이다. 녀석들은 물고기의 몸속 깊숙이 헛뿌리(haustorium)를 박아서 체액이나 피를 빤다. 글로키디움이 더덕더덕 떼거리로 달라붙으면 까뭇까뭇 육안으로 보일 정도이다. 이러면 숙주인 물고기가 기진맥진 죽는 수도 있고, 2차 세균 감염으로 생채기가 심해 형편없는 몰골이 되기도 한다. 정말 갚음하기 어렵다! 새끼를 물고기에 붙여 놓은 조개는 제 새끼가 다른 동물들에게 잡혀 먹힐 걱정이 없다. 게다가 기동성 좋은 물고기 배달부가 새끼들을 멀리까지 옮겨 주니 얼마나 좋은가. 신천지를 개척하는 유리한 적응 방산(adaptive radiation)을 하는 것이다. 조개 유생은 역시 근 한 달간 탈바꿈하여 조개 모양새를 갖추면 강바닥에 떨어져 거기서 살아간다.

이들의 주고받기는 유전 인자에 프로그래밍(programming) 되어 있는 것. 숙명적인 만남, 뗄 수 없는 상생이다. 그래서 강에 조개가 절멸하면 물고기가 잇따라 전멸하고 물고기가 없어지는 날에는 조개도 사라진다. 도미노 같은 것이다. 찬탄이 절로 나온다. 서로 없이는 못 사는 이런 관계를 두고 인연이라 하는 것. 모든 사물은 다 연에 의해서 생멸(生滅)한다. 넌 물고기 난 조개, 부디 우리의 귀한 연분을 가볍게 여기지 말자.

어머니는 숙주요,
태아는 기생충?

세상에 이런 희한하고 어처구니없는 일이 어디 또 있을까? 메뚜기나 귀뚜라미, 그놈들을 잡아먹은 사마귀의 배 속에서 자란 파렴치한 기생충이 화학적으로 숙주(宿主)의 뇌를 자극하여, 그것도 한밤에 그들로 하여금 강이나 연못으로 찾아가 거침없이 물에 뛰어들어 자살을 하게끔 한다면? 이렇게 빌붙어 먹는 것들이 주인의 행동을 제멋대로 조종하는 수가 수두룩하다. 기생충이 특수한 단백질을 만들어서 직간접으로 숙주의 중추 신경계와 내분비계(內分泌系)를 충동질하기 때문이라 여기지만 그 까닭은 확실히 밝히지 못하고 있다. 뇌도 호르몬도 없는 곰팡이(fungi)가 제 홀씨(포자)를 흠씬 퍼질 수 있게 하기 위해 곤충이 죽을 때 벌렁 나뒤집어지게 해 놓기도 한다니…….

기생충이 숙주를 이리저리 부리는 첫 번째 예다. 선형동물인 회충이나 십이지장충을 아주 **빼닮은** 유선형동물(類線形動物, nematomorpha)에 연(軟)가시(*Gordius* sp.)라는 무리가 있다. 연가시는 남극을 제외하고 세계적으로 250여 종이 살고 있고, 우리나라에는 5종이 있다 한다. 색깔이 거무스름하거나 누런빛을 띤 갈색인 성체는 몸길이가 10~70센티미터이고 몸통의 지름이 1~3밀리미터로 길고 둥근 철사를 닮았으며, 서양 사람들은 말총이 물에 떨어진 것이라고 여겨 'horsehair worm(말총벌레)' 이라 부른다. 물이 아주 깨끗한 실개천 웅덩이나 연못, 호수 등지에서 서식하며, 산란철에는 뱀들이 짝짓기 하느라 엉켜 덩어리('교미 공')를 이루듯이 수백 마리가 돌돌 뒤엉켜 있다 한다. 게다가 어미는 반딧불이 암놈처럼 입이 완전히 막혀 있어 아무것도 먹지 않으며, 암놈 한 마리가 무려 600만 개의 알을 낳고는 산란 끝낸 연어처럼 그 자리에서 한 살이를 마감한다. 늙어 추함도 없고 욕심도 없이, 얼마나 깨끗한 죽음인가!

긴 젤라틴(gelatin) 줄에 매달려 나온 알은 몇 달 머문 뒤에 부화한다. 자란 벌레는 물에 살지만 어린 벌레는 곤충들의 창자에서 양분을 알겨먹고 자라는지라, 이제 알에서 갓 깬 유충은 무슨 수를 써서라도 물밖, 뭍으로 올라가야 한다. 상륙(上陸)하는 길이 종에 따라서는 크게 두 가지가 있으니, 첫째, 연가시의 애벌레가 수서 곤충(水棲昆蟲, 곤충들의 유충이 대부분임)의 몸속에 파고 들어가는 방법이 있다. 즉, 하루살이나 잠자리의 유충(학배기) 몸에 들어가 있다가, 그것들이 다 자라 잠자리로 우화(羽化)하여 뭍으로 올라가서 사마귀(버마재비)들에 먹히면 행운이다. 둘째, 유생이 꼬물꼬물 물가로 기어 나가 근방의 풀잎에 딱 달라붙어 있다가 그것을 잔뜩 뜯어 먹은 곤충(메뚜기) 창자에 들어가 자라거나, 또 메뚜기를 잡아먹은 사마귀에서 성체가 되기도 한다.

곱씹어 말하지만 연가시는 유생 시기를 곤충의 몸 안에서, 성체는 물에서 지낸다. 실제로 한여름에 옅은 냇물에서 긴 철사 꼴을 한 놈들이 서로 엉켜 꿈틀거리고 있는 것을 본다. 그것들을 만지면 손가락 잘린다고 겁주어 꼬챙이로 괴롭혔던 기억이 난다. 우리 어릴 때는 왜 그렇게 금기(禁忌)하는 것이 많았던지. 가장 무서운 공갈(?)이 "엄마 죽는다." 거나 얽둑얽둑 얽는 "곰보가 된다."는 것이었다. 참 얼토당토않은 괴이한 일도 다 있다.

어느덧 가을이 왔다. 배불뚝이가 된 메뚜기나 사마귀들이 느닷없이 내처 물을 찾아 나서고 있다! 쿼바디스(Quo vadis)? 어디로 가시나이까? 곤충들은 분명 양지 바른 언덕배기에 알을 낳는데……. 배 속에 든 연가시가 억지로 그들과 아무 상관없는 물 냄새가 물씬 풍기는 곳으로 가도록 한다! 강물 가까이에 도달하자마자 후루룩 단숨에 물속으로 날아든다. 그런데 물가나 밭가에서 잡힌 버마재비 똥구멍에서 철사 줄이 줄줄 새 나온다. 왜? 이것은 "이러다가 내가 죽겠구나." 하는 위기감에서 하는 행동이다. 버마재비는 교감 신경이 극도로 흥분된 상태였다. 아무튼 비행기를 이리저리 몰고 다닌 조종사는 다름 아닌 연가시였다.

두 번째 예이다. 우리가 잘 알고 있는 광견병을 공수병(恐水病)이라고도 하는데, 이 병에 걸린 개나 사람은 물을 마시면 목구멍(인두)에 경련이 일어나 물을 삼키기가 어려울뿐더러 숨쉬기도 곤란해지기 때문에 물을 두려워한다. 아무튼 개의 뇌에 들어간 광견병 바이러스(rabies virus)는 개를 무지하게 사납고 겁 없게 만드니, 이윽고 이 바이러스는 개로 하여금 사람이나 다른 동물을 사정없이 물게 하고, 뇌에서 침샘으로 흘러나와 침에 묻어서 잇따라 다른 개체로 옮겨진다. 그리고 사람에게 전염된 광견병 바이러스는 코 안의 신경을 자극해 재채기를 유도한다. 얼김에 앳취! 하는 재채기 바람을 타고 멀리멀리 퍼지려 드는 것이다. 그렇다, 바이러스도 약삭빠르게 씨를 더 많이많이 퍼뜨리려 든다.

기생충이 숙주 동물을 세뇌(洗腦)하여 습성을 바꾸게 하는 세 번째 이야기다. '톡소포자충(Toxoplasma gondii)'이란 기생충에 감염된 쥐의 행동이다. 톡소포자충은 원생동물의 포자충(胞子蟲)으로, 쥐의 뇌에서 주로 지내다가 고양이로 넘어가서(고양이가 쥐를 잡아먹어) 번식을 한다. 하여, 톡소포자충에 감염된 쥐들은 고양이를 무서워하지 않는다. 이 포자충이 쥐에서 고양이로 들어가려면 쥐가 고양이에게 쉽게 먹혀야 하기에 그런다. 바로 그런 목적으로 쥐가 고양이의 소변까지 꺼리지 않도록 만들었다니…… 녀석이, 원생동물치고는 아주 고단수다!

네 번째 본보기다. 란셋흡충(lancet fluke, 吸蟲)은 초식 동물의 몸속에 살면서 거기에다 알을 낳는다. 똥에 섞여 나온 알은 여러 과정을 거치는 가운데, 애벌레가 돼서 개미로 들어간다. 이것이 자라 다시 알을 낳으려면 초식 동물의 몸 안으로 들어가는 것이 필수. 그래서 란셋흡충은 개미를 조종해 풀잎 끝에 올라가 가만히 머물도록 명령한다. 허허, 이 기막힌 생존 전략에 혀가 내둘리고 고개가 절레절레 흔들린다. 기생충이 숙주의 행동거지를 쥐락펴락하는 이야기는 여기서 그만하고 본론으로 들어가 보자. 어찌하여 아기를 가지면 어김없이 입덧이 나는 것일까? 메스껍고 구역질이 나는 오심구토(惡心嘔吐), 임신 2주면 시작하여 12주쯤이면 언제 그랬냐는 듯 감쪽같이 사라져 버리는 입덧. 입덧을 영어로는 'morning sickness'라 하는데 이른 아침 공복 때에 심하기에 붙은 이름이고, 그렇다고 아침에만 그런 것이 아니다. 이를 삼신할머니의 시기 질투라고 해야 하는가. 의학이 날고 기어도 아직도 그 까닭을 알지 못하고 있으니 말이다.

누가 뭐라 해도 입덧은 태아를 보호하는 긴요한 생리 현상이며 태반이 잘 발달하고 있다는 증거다. 임신 3~4개월까지는 태아의 기관 발생이 가장 활발할 시기다(이 시기가 지나면 입덧이 잦아듦). 이때 만일 임산부가 게걸스럽게 아무거나 마구 먹다 보면 음식에 묻어 있는 바이러스나 곰팡이, 세균에다 농약, 중금속은 물론이고 어류나 육류 기생충이 들어와서 태아에 해를 끼쳐 기형아 출산이나 조산, 유산의 위험이 늘게 된다. 이런저런 약도 태아엔 그지없이 해롭다. 입덧을 못 참아 약을 먹는데 부디 삼가라. 입덧 치료제로 쓰였다가 온 세상을 발칵 뒤집어놨던 약 중의 하나가 바로 그 섬뜩한 탈리도마이드다. 탈리도마이드 증후군(Thalidomide syndrome), 즉 팔다리가 짧아지는 기형을 일으킨 약 말이다. 여느 약치고 부작용이 없는 것이 없으니…….

어이없는 해석에 마뜩찮게 여기지 말 것이다. 에둘러 말하지 않겠다. 놀랍게도 음식을 못 먹게 한 주인공이 바로 엄마 배 속의 나였다. 좀 매정하고 섬뜩한 느낌이 들지만 '어머니는 숙주요, 태아는 기생충'이라는 등식이 성립된다. 짓궂게도 기생충이 숙주의 행동을 바꾸는 예가 바로 홑몸이 아닌 임부(妊婦)의 입덧이었다니! 허허, 어미의 건강은 아랑곳하지 않는 몰염치한 태아 놈! 입이 열 개라도 할 말이 없다. 지지리도 못생긴 발칙한 자식! 이제 결론이다. 고통스런 입덧은 건강한 임신의 신호로 유산 위험을 줄이고, 기형아가 될 확률도 낮추며, 지능 지수(IQ)가 높은 아이를 출산할 가능성을 높인다고 한다. 그래서 엄마는 그렇게 이를 앙다물고 모질게도 참는다! 어머니, 어머니, 우리 어머니, 고맙습니다!

바람에 실려 온
항생제

    1928년에 처음으로 푸른곰팡이에서 항생제(抗生劑, antibiotics) 페니실린을 발명하여 역사의 길을 바꾸고 수많은 생명을 구한 영국인 세균학자 알렉산더 플레밍(Alexander Fleming, 1881~1955)은 1945년에 노벨상을 받았고 73살에 별세했다. 가족과 함께 8월 여름휴가를 보낸 다음 연구실에 돌아왔을 때였다. "It's funny(야, 무슨 이런 일이)!"하며 화들짝 놀라 탄성을 내질렀다. 휴가를 떠나기 전 실험대 한구석에 포도상구균(葡萄狀球菌, *Staphylococcus aureus*)을 배양(culturing)하던 배양 접시를 한가득 켜켜이 아무렇게나 쌓아 뒀는데 그 중의 하나가 곰팡이(fungus/mould)에 감염이 된 것이다. 신기하게도 곰팡이 둘레에 있던 포도상구균은 고스란히 죽어 버렸는데 멀리 떨어져 있던 것들은 멀쩡하였다. 자칫하면 허둥지둥 멀뚱히 보고만 있다가 놓치고 말 뻔한 아찔한 순간이었다! 문제의 배양 접시에 날아든 푸른곰팡이가 페니실린을 분비하여 세균들을 죽였던 것. 플레밍은 3층 연구실에서 눈코 뜰 새 없이 포도상구균 연구를 하고 있었고, 아래층에서는 애써 천식 알레르기 실험용으로 푸른곰팡이를 키우던 차에 느닷없이 홀씨(포자)가 바람을 타고 위층으로 사뿐히 날아가 앉았던 것이다. 말해서 '바람에 실려 온 페니실린'이다.

손길이 바빠진 플레밍은 그것이 푸른곰팡이(green mould, *Penicillium notatum*)라는 것을 알았으며 오랫동안 세균을 죽인 곰팡이가 분비한 물질을 '곰팡이 즙(mould juice)'이라 부르다 1929년 3월 7일에야 드디어 '페니실린'이란 이름을 붙였다. 곰팡이 배양이 매우 까다롭고 거기에서 항생 물질을 분리하는 것은 더욱 힘겨웠다. 알다시피 '페니실린(penicillin)'이란 말은 푸른곰팡이의 속명인 *Penicillium*에서 따온 것이다. 플레밍은 기초 과학을 하는 미생물학자라서 불순물이 없는 정갈하고 정제된 페니실린을 얻어 보려고 애타게 노력했으나 한계를 느꼈다. '플레밍 신화(Fleming Myth)'라 부르는 페니실린은 병리학자 하워드 플로리(Howard Florey)와 생화학자 언스트 체인(Ernst B. Chain)이 저마다 다듬고 마름질하여 마침내 1945년에 대량 생산하여 보급하기에 이르렀고, 그해에 세 사람이 공동으로 노벨상을 받았다. 지금은 합성 페니실린(synthetic penicillins)을 대량으로 '찍어' 내고 있어서 대량 공급이 가능하게 되었다.

플레밍은 페니실린을 발명하기 전, 1923년에 라이소자임(lysozyme)이란 효소를 발견했다. 지독한 감기에 걸렸던 플레밍은 콧물을 황색 세균으로 그득한 배양 접시에 흘리고 말았는데 나중에 보니 콧물 떨어진

자리에 세균이 말끔하게 죽어 버린 게 아닌가! 이 사건에서 사람의 눈물, 콧물, 침 따위의 점액 물질에는 세균을 억제하는 물질인 라이소자임이 들었음을 알아냈다. 이렇게 보고 배운 것이 밑거름이 되어 앞에서 말한 포도상구균(화농균)이 죽어 버린 것을 예사로 보지 않을 수 있었던 것이다.

헛소리도 아니요, 입에 발린 말도 아니다. 가만 보면 재수 좋은 사람은 어딘가 다른 데가 있다. 위대한 과학 업적 중에도 이렇게 뜻밖에 '우연히 발견한(accidental discovery)' 것이 허다하며, 울며 겨자 먹기로 만날 죽기 살기로 일만 한다고 되는 것이 아니라는 말이 일견 설득력을 얻는다. 'Work while you work, play while you play(일할 때는 일하고 놀 때는 놀아라)!' 콸콸 흐르는 여울물에서는 달을 보지 못한다. 쉬고 또 쉬어라!

한끝 차이로 천국(극락)과 지옥으로 가는 수가 있다 하지 않는가. "수천 가지의 곰팡이가 있고, 수천 가지의 세균이 있는데 마침 알맞은 시간, 때맞은 장소에 푸른곰팡이 홀씨가 떨어졌다는 것은 마치 복권에 당첨된 것과 같다."고 플레밍이 말했듯이 더할 나위 없이 운이 좋았던 것. 정말이지 자칫 이런 불상사(?)가 일어나지 않았다면 어디 페니실린을 꿈이나 꿔 봤겠는가? 하지만, 행운의 여신은 곧 '노력하는 자'에게만 찾아가는 것이요, 피땀의 알찬 결실인 것이다. 거저 되는 게 없는 법!

플레밍의 또 다른 강연 한 토막에서 과학자의 겸손과 진실을 발견한다. "나는 페니실린을 발명하지 않았습니다. 자연이 만들었죠. 난 단지 그것을 발견했을 뿐입니다. 내가 단 하나 남보다 나았던 점은 그 관찰을 흘려보내지 않고 세균학자로서 대상을 추적한 데 있었습니다."
얼마나 군더더기 없이 진술하며 가슴에 꽂히는 울림을 주는 멋진 교훈
적인 말인가. 과학자는 닳고 닳은 영혼의 눈을 가진 다부진 사람이요,
머뭇거리지 않는 과감한 도전 정신에 엉뚱한 사고를 하고, 무서운 집념
과 과단성이 있으며, 하나를 끈질기게 물고 늘어져서 거침없이 파고드
는 옹고집에 질풍경초(疾風勁草)같이 꺾이지 않고 입에 단내가 나게 몰
두하는 기개가 있어야 한다. 플레밍도 신명 나게 세균에 '미쳐(crazy)' 시
간을 금쪽같이 아꼈으니 하루에 잠을 3시간밖에 자지 않은(유전성이 있
었던 모양) '독종'이다. 물러 터진 사람은 아무것도 하지 못한다.

　여러 항생제는 모두가 세균이나 곰팡이에서 얻은 것이고, 오랑캐를
써서 오랑캐를 무찌른다는 이이제이(以夷制夷)란 말이 있듯이 세균과 곰
팡이에서 뽑은 항생제로 세균이나 곰팡이를 도리어 죽인다. 아무렴 항
생제가 없다면 병실에 있는 저 많은 환자들은 어떻게 된담? 살 떨리는
끔찍한 세상이 아니겠는가. 그리고 항생제를 뽑는 미생물들은 사람 살
갗은 물론이고 주로 흙에 살기에 이들을 토양 세균이라 한다. 이들은
흙의 유기물(거름)을 분해하거나 세균이 죽으면서 냄새를 내놓으니 그것
이 지오스민이라 하며 바로 흙냄새이다. 흙이 걸어서 퇴비가 많이 들어
있어야 미생물이 득실거리고 그래야 풋풋한 땅 냄새를 풍긴다. 사람도
모래처럼 마음이 메마른 사람에서는 사람 냄새가 없다.

　항생제는 곰팡이나 세균에서 얻는다고 했다. 페니실린은 푸른곰팡
이에서 얻은 것이며, 이것 말고도 항생제를 얻는 곰팡이에는 세팔로스

포리움(*Cephalosporium*), 미크로모노스포라(*Micromonospora*) 무리(속)가 있고, 세균 무리에는 바실루스(*Bacillus*), 스타필로코쿠스(*Staphylococcus*)가 있는데 대표적인 항생제 에리트로마이신(Erythromycin)은 스트렙토미세스 에리 트레우스(*Streptomyces erythreus*)라는 세균을 순수 배양(pure culture)하여 추출 한 것이다. 300여 가지의 항생제는 바로 300여 종의 이런 미생물에서 뽑는다는 말이다.

그러면 항생제가 세균이나 곰팡이의 성장을 어떻게 억제하고 죽이 는가. 항생제에 따라서, 첫째, 세균의 세포벽을 합성하는 효소의 기능 을 억제하거나, 둘째, 세포벽을 파괴하는 효소 기능을 항진(亢進)시키 며, 셋째, 단백질 합성을 억제하여 새로운 세포를 만들지 못하게 하거 나, 넷째, 세포막의 인지질에 달라붙어서 기능을 억제하며, 다섯째, 핵 산 복제 효소에 달라붙어 복제(duplication)를 막는 등등, 반응하는 부위 나 기능이 다르다. 따라서 세균(병)의 특성에 따라서 사뭇 다른 항생제 를 처방하는 것이다.

그런데 세균도 그렇게 만만찮아서 항생제에 당하기만 하지 않는다. 같은 세균에 동일한 항생제를 자주 쓰면 세균이 항생제의 작전(특성)을 잽싸게 알아차리고 맞서기를 한다. 일례로, 여러 번 공격을 받은 세균 은 페니실린 분해 효소인 페니실리나아제(penicillinase)를 만들어 내어서 페니실린을 녹여 버린다. 또 항생제를 쏟아 내어 버리거나(pump out) 무 력화시키는 등 여러 방법으로 살아남기를 시도한다. 이때 항생제 내성 세균(antibiotic-resistant bacteria)이 생겼다고 하는데, 항생제에 대한 저항성은 세균의 돌연변이의 결과인 것이다. 항생제도 칼의 양날과 같아서 잘 쓰면 좋으나 남용하면 이렇게 커다란 뒤탈을 남긴다. 때문에 항생제를 쓸 때는 아낌없이 처방대로 사용하여 변종(變種)이 살아남지 못하게 통째로 뿌리를 뽑아야 한다.

어쨌든 항생제는 내성균을 만들고 이 내성균을 잡기 위해 걸맞은 항생제를 만들어 내고, 기껏 새것을 만들어 놓으면 세균은 또 내성을 띠고, 그렇게 세균과 사람이 줄기차게 서로 앞다퉈 '달리기'를 하고 있다. 우리나라에도 이윽고 최고로 강력한 반코마이신(Vancomycin)에 끄떡도 않는 난공불락의 슈퍼 세균(superbacteria)이 생겼다고 새삼 걱정들을 하고 있다. 항생제에 꿈쩍도 않는 이 세균이 죽으면 옆 세균이 그놈의 핵산(DNA)을 스스럼없이 주워 먹어서 어김없이 슈퍼 박테리아가 되고 만다.

필자도 어릴 적에 급성 폐렴에 걸렸지만 고마운 페니실린 덕에 요행히 살아남아 일흔을 넘겨 붉은빛이 도는 '황혼의 열차'를 타고 달리고 있다. 만세(萬世)에 길이 빛나는 참으로 거룩한 업적을 남긴 고마운 Sir Alexander Fleming! 페니실린 만세!

가을

700년의 세월을 뛰어넘은 연꽃

연꽃(蓮一, lotus)은 쌍떡잎식물, 미나리아재비목(目), 수련과(科)의 여러 해살이 수초이며, 세계 곳곳의 얕은 연못(池, pond)에서 잎사귀를 물 위에 띄우고 산다. 불교의 상징물인 이 꽃은 비록 진흙 진구렁에다 뿌리를 내리고 살지만 순결하고 청초한 꽃을 피우며 색다른 열매를 맺는다. 부처(佛陀, Buddha)가 태어나자마자 대뜸 사뿐사뿐 걸었으니 그분이 서성거린 곳곳마다 온 사방에 가득 피었다는 연꽃 아닌가! '연못(蓮一)'의 의미 또한 알고 보니 '연꽃을 심은 못'이고, 연당(蓮塘), 연지(蓮池)라 하니 연과 못은 뗄 수가 없다!

물에 사는 수생 식물(水生植物, hydrophytes)은 흙바닥에 뿌리를 내리고 잎과 꽃을 수면(水面)에 띄우는 부엽 식물(浮葉植物, 연꽃, 수련), 얕은 물가에서 수면 위로 잎과 줄기를 뻗는 정수식물(挺水植物, 부들, 부레옥잠, 미나리), 식물 전체가 물에 완전히 잠기는 침수 식물(沈水植物, 붕어마름, 물수세미), 물 위나 수중에 떠다니는 부유 식물(浮游植物, 개구리밥, 생이가래)로 나눈다. 수생 식물은 어느 조직, 기관이든 공기가 들어 있는 통기 조직이 발달하며, 그것은 식물 전체의 30~60퍼센트를 차지한다. 하여, 잎줄기를 손가락으로 눌러 보면 푸석푸석 스펀지처럼 쑤욱 들어간다. 국내에서 자생(自生)하는 식물 4,000여 종 중에 수생 식물은 180여 종에 이르며, 이들은 수중의 인, 질소 등의 영양 염류를 먹어 치워 수질을 정화하고, 어류 등 여러 수생 동물의 산란과 서식처를 제공한다.

연꽃의 꽃은 5~9월에 피고, 긴 꽃자루 끝에 웃음 머금은 꽃 한 송이가 봉긋 솟으며, 이른 아침에 피기 시작하여 정오경에 활짝 피고 저녁 무렵에 꽃 지기를 삼사일간 되풀이하고는 시나브로 시들어 버린다. 양성화로 300여 개의 수술과 40개 전후의 암술이 들었고, 꽃잎은 달걀을 거꾸로 세운 모양으로 18~26개이며, 이운 꽃에는 물뿌리개의 긴 목 끝의 아가리 덮개 닮은 연밥(seed head)이 생기고 그 안에 15~25개의 검은색 씨가 든다. 씨는 단단한 과피(果皮)에 싸여 있는 견과(堅果, nut)이며 잣이나 도토리를 닮았다.

우리나라에 나는 연꽃은 크게 보아, 꽃잎이 흰색인 백련(白蓮), 꽃색이 붉은 홍련(紅蓮), 잎에 가시가 돋친 가시연('개연'이라고도 함), 둥근 심장 모양인 어리연이 있다. 그런데 우리나라에서 요 근래 700년의 세월을 뛰어넘어 고려 시대의 연꽃 씨앗을 싹 틔워 수수한 홍련 꽃을 피웠다는 기사를 읽었다. 그 모습을 보고 어떤 이는 "꼿꼿한 꽃대, 우아한 꽃

봉우리는 도도한 우리 옛 여인의 자태를 연상케 한다."고 했으며, 경남 함안에서 얻은 씨앗이라 함안의 옛 이름 '아라가야(阿羅伽倻)'의 이름을 따서 '아라홍련'이라 부르기로 했다고 한다. 한 송이 꽃을 피우기 위해 100년을 7번, 이제껏 기다렸으니……. 애초에 그 한 톨의 씨앗 속에 아담하고 예스러운 홍련화가 숨어 있었다니!

연꽃은 세계적으로 분포하며, 중국에서는 옛날부터 속세에 물들지 않는 군자(君子)의 꽃으로 여겼고, 종자가 많이 달려 다산의 징표로 삼았으며, 우리나라에서는 불교를 상징하는 신성한 식물로 절터 연못에 많이 심어 왔는데, 근래에는 뿌리줄기가 돈이 되기에 많이들 재배한다. 연꽃의 뿌리줄기(연근)를 가로 썰기를 해 보면 가운데 하나, 둘레에 7~8개의 큰 구멍이 뻥뻥 뚫려 있으니, 근경(根莖)이 진흙에 묻혀 있어 언제나 공기(산소)가 부족하므로 그것을 저장하는 공기 방이다. 연꽃은 하나도 버릴 게 없어서 연근(蓮根) 조림, 연잎 밥, 연밥 정식, 연꽃 밥, 연꽃 차, 연잎 차, 연잎 부침개, 연잎 막걸리, 연잎 토종닭 등에 쓴다. 아쉽게도 집사람이 달갑게 여기지 않아 자주 못 얻어먹는 것이 연근 조림이다.

연잎은 둥그스름한 것이 뿌리줄기에서 나온 잎자루 끝에 달리고, 잎맥이 방사상으로 퍼지고 잎맥 안에 있는 작은 구멍은 땅속줄기와 이어진다. 연잎은 자신이 감당할 만한 빗물만 품고 있다가 조금만 넘쳐도 금세 머리 숙여 미련 없이 부어 버린다! 비움과 낮춤이다. 비워야 채운다! 버려야 얻는다! 차면 기울고 비면 찬다. 물극필반(物極必反)이라, "사물의 전개가 극에 달하면 반드시 반전한다."는 뜻이 아닌가. 흥망성쇠는 반복하는 것이므로 어떤 일을 할 때 지나치게 욕심을 부려서는 안 된다. 욕심(慾心)을 버리고 담백한 삶을 살 것이요, 집착 말고 겸허히 살라는 맑은 가르침을 주는 연꽃이다! 소낙비가 내려도 연꽃잎은 가볍다. 스스럼없이 깨우침·뉘우침·깨달음·일깨움·본받음·배움을 얻는 연꽃! 물을 비우면서 또르르 구르는 방울이 잎에 묻었던 먼지 때를 씻어 내기에(self-cleaning) 연잎은 늘상 맑고 깨끗하다.

이 글의 고갱이(핵심)가 여기에 있다. 연꽃잎은 단순히 왁스(밀랍) 탓에 물에 젖지 않고 구슬 물방울이 뱅글뱅글 구른다고 배워 왔으나, 주사 전자 현미경이 생겨나면서 그 이론도 단박에 밀려나기에 이르렀다. 어제의 참(眞)이 오늘은 거짓이 되다! 그럼 연잎에 물이 묻지 않는, 그러니까 연잎이 물에 젖지 않는 다른 까닭은? 주사 전자 현미경으로 보면 잎 표면에 높이 10~20마이크로미터, 너비 10~15마이크로미터 크기의 수많은 혹(bump)들이 가득 나 있다. 이 돌기는 물이 묻지 않는 왁스 같은 발수성(撥水性, water-repellent) 물질로 덮여(코팅) 있을뿐더러 이런 나노 구조의 울퉁불퉁한 수많은 돌기는 물이 잎 속으로 스며들거나 묻지 못하고 물이 잎 위에 떠 있는 상태가 된다. 참고로, 사람들이 1나노를 손톱이 1초에 자란 길이에 비유하니 아주 작다는 것이다! 그런데 물방울의 한쪽 제일 바깥 겉과 바닥이 이루는 각을 접촉각(接觸角, contact angle)이라 하는데, 물이 바닥에 퍼져 버리면 접촉각은 0도이고, 접촉각이 160도이면 물이 표면에 2~3퍼센트 정도만 붙는다고 한다. 연꽃은 접촉각이 170도라 실제로 물방울이 잎에 달라붙는 면적은 0.6퍼센트밖에 되지 않는다. 이런 현상을 '연꽃 효과(lotus effect)'라 하니, 연잎에 물이 묻지 않는 것을 일컫는다.

나비, 잠자리 같은 곤충의 겉껍질도 나노 구조를 하여 물이 묻지 않을뿐더러, 또 물방울이 또르르 구르면서 먼지를 씻어 가 아주 청결하여 곰팡이나 세균, 조류(algae) 등의 해로운 생물이 자라지 못한다. 한련(旱蓮)이나 토란(土卵), 사탕수수 같은 식물들의 잎 또한 깨끗하므로 광합성이 잘되는 것은 불문가지(不問可知)다. 모시같이 얇고 고운 천을 '잠자리 날개 같다.'라고 하는 까닭도 거기에 있었구나! 이런 나노 코팅(nano-coating)의 특성을 페인트, 타일, 섬유, 유리들에 응용하며, 비가 스며들지 않는 방수복을 만들고, 테플론(Teflon) 코팅을 입혀 달라붙지 않는 프라이팬과 냄비를 만들고…… 신비로운 자연(연꽃)의 특성을 흉내 내어 생활에 응용하는 과학자들의 가없이 뛰어난 지혜에 고개 숙여진다. 연꽃 만세.

같은 수련과 식물인 연꽃과 수련(睡蓮, water lily)을 구분할 줄 안다면 연의 세계를 보는 눈이 달라진다. 연꽃의 잎은 대체로 넓적하고 둥그스름하면서 수면에 붙어 펼쳐진 '뜬 잎'과 물 위로 솟아오른 '선 잎'이 함께 있다. 그런데 수련의 어린잎은 잎줄기 가까운 곳이 노치(notch, V자 모양) 모양으로 깊게 갈라져 전체적으로 심장(heart) 꼴을 하며 모두 다 물 위에 퍼져 드러누웠다. 뭐니 해도 수련 잎사귀는 잎 한쪽이 깊게 짜개진 토란 잎을 닮았으니, 잎이 서로 너무 많이 닮았기에 토란(土卵)을 토련(土蓮)이라 부른다. 그리고 연꽃 꽃은 꽃대가 길게 자라서 물의 겉면

보다 훨씬 높이 솟아 피고, 꽃잎이 부드러운 느낌을 주며 끝자락이 두 툼한 타원형인 데 비해, '수련'의 꽃은 수면에서 피고 꽃잎이 빳빳한 느 낌에 끝이 뾰족한 것이 날카롭다. 하마터면 둘의 다름을 모르고 살아 갈 뻔했구나. 연꽃을 수련이라 부르고 수련을 연꽃이라 불러서야 쓰겠 는가? 제 이름을 불러 줘야 반갑다고 고갯짓하지!

딴 이야기지만, 프랑스의 인상파 화가 클로드 모네(Claude Monet)가 여 러 편의 수련 그림을 그렸다. 76세에 수련 그리기를 하여 그 많은 걸작 을 남겼다고 하니, "닳아 없어질지언정 녹슬지 않겠다."는 말이 언뜻 떠 오른다. If I rest, I rust(쉬면 녹슨다)! 수련은 5~9월에 꽃이 피고 꽃자루 끝에 1개씩 달리며, 꽃받침 조각은 4개, 꽃잎은 8~15개다. 수련이란 말 은 '잠자는 연꽃'이란 뜻이며, 꽃말도 근사하게 '청순(淸純)'과 '순결(純 潔)'이다. 먹기 싫은 개떡만큼 남은 생, 당신들 닮아 더할 나위 없이 청결 하게 살다 죽으리라!

버릴 것 하나 없는
벼

옛날 어른들은 "쌀을 밟으면 발이 비뚤어진다." 하고, "키질할 때 쌀을 날리면 남편이 바람난다."고 하여 생명처럼 아꼈던 벼다. 쓿은 쌀 속에 등겨가 벗겨지지 않은 알곡인 뉘 하나도 손톱으로 겨를 벗겨 밥에 보탰다. 요새 와선 쌀 쟁길 곳이 없어 걱정을 하기에 이르렀으니 이상 더 좋은 일이 어디 있겠는가.

벼는 외떡잎식물, 화본과(禾本科)의 한해살이풀이며(열대 지방에서는 여러해살이임) 동남아시아 원산의 식용 작물로 논(논벼)이나 밭(밭벼)에 심는다. 학명(*Oryza sativa*)에서 속명인 *Oryza*는 '쌀(rice)'이란 뜻이고 *sativa*는 '뿌리다, 심다'라는 뜻이 들었다. 그리고 벼는 크게 두 품종으로 나누니 쌀알이 길고 찰기가 적어 푸석푸석한(아밀로오스가 많은 탓임) 인도 품종(*Oryza sativa* subsp. *indica*)과 짧고 통통하면서 끈적거리는(아밀로펙틴이 많음) 일본

135

품종(*Oryza sativa* subsp. *japonica*)으로 나누며, 두 품종 모두 다 염색체가 12개로 그 수가 아주 적은 편이다. 여기서 품종(品種, race)이란 같은 종(種, species)이면서도 서로 조금씩 차이가 나는 것을 말하며 변종(變種), 아종(亞種, subspecies)도 비슷한 말이다. 그래서 세계의 쌀은 단 한 종뿐이고, 품종이 달라도 서로 교잡이 된다. 황인, 백인, 흑인 사이에 아이가 생기는 것과 같다.

벼꽃은 둘레에 6개의 수술과 가운데 1개의 암술이 있는데, 꽃가루받이(受粉)는 개화와 거의 동시에 일어난다. 꽃이 피어 있는 시간이 겨우 1~1.5시간밖에 되지 않아서 그 사이에 얼른 수분·수정을 해야 하기에 자가 수분(自家受粉)을 한다(일부는 타가 수분을 한다고 함). 옛날엔 벼이삭 하나에 80~90알이었지만 요새 품종은 보통 110~130개의 낟알이 열리며(150톨이 넘는 수도 있음), 보통 쌀은 희지만 갈색, 보라색, 검은색, 붉은색인 품종(아종)도 있다. 쌀의 성분은 대체로 탄수화물 70~85퍼센트, 단백질 6.5~8.0퍼센트, 지방 1.0~2.0퍼센트이며, 쌀 100그램의 열량은 360칼로리 정도이다. 이렇게 쌀은 단백질도 꽤 들었지만 필수아미노산이 부족하여 다른 음식으로 영양 보충을 해야 한다.

벼를 남도(南道)에서는 '나락'이라 부르며, 입쌀을 한자로는 米(미)라 쓴다. 쌀 미(米) 자를 잘 뜯어보면 뒤집어진 '八'에 '十'과 바로 선 '八'이 모여서 만들어졌으니, 한 톨의 쌀알을 얻는 데 88번의 손질이 간다는 뜻이다. 그리고 88살의 나이를 미수(米壽)라 부르는 까닭도 알겠다. 한 세상 태어나 백수(白壽, 百에서 一이 빠져 白이 되므로 99살)는 못 산다 해도 미수는 채워야겠는데, 인명재천(人命在天)이라 내 맘대로 못한다니 안타깝기 그지없다. 암튼 쌀 한 톨에 농부의 땀방울이 스며 있고 우주의 진리가 들었으니 밥풀 하나도 버리면 큰 죄악인 것. 내 어머니도 안방 구석에 있는 뒤주에서 쌀 한 쪽박을 떠서 부엌으로 나가실 때마다 쌀을 한 줌씩 덜어 내어 모았으니 바로 절미(節米)다. 바가지에 싹싹 문질러 씻은 쌀뜨물은 시래깃국을 끓였지. "새끼 많이 둔 소 길마 벗을 날 없다."고 빠듯한 살림에 부모들이 뼈 빠지게 살았다.

제 논에만 물 대기 하는 것을 아전인수(我田引水)라 했겠다. 도랑 쳐서 물꼬에 물을 대고, 소에 부리망 씌우고 멍에 얹어 쟁기로 논바닥을 갚에, 흙살이 척척 갈라져 나자빠졌다. 써레질하여 무논의 흙을 고르고, 모판(못자리)에 씨 나락(볍씨)을 골고루 뿌렸다. "귀신 씨 나락 까먹는 소리 한다."는 그 씨 나락 말이다. 벼를 제대로 심지 못하는 어린 나는 논두렁에서 연신 긴 못줄 넘기기로 거들었으니 그래도 한몫 단단히 한 셈이다. 그뿐인가. 들러리로 '물오리 지나치듯' 하지만 논매기(더듬이)를 하였고, 그런 날은 들녘에는 한바탕 메나리(미나리)가 흘러넘쳤고, 거기에 곁따르는 것이 농주(農酒) 새참(중참)이다. 힘을 내는 데는 도통 한 사발의 막걸리만 한 것이 없다. 벼는 하루가 다르게 팍팍 자라 입추와 말복 사이에는 훌쩍 커 버리니 "벼 크는 소리에 개가 놀라 짖는다."고 한다. 그런데 우리나라의 들판은 모두 논이다. 논은 얕기는 하지만 넓은 저수지 몫을 한다. 장마에 그해 비의 거의 절반을 단번에 쏟아 놓으니, 그래도 논이 빗물을 일단 가두어 일차 충격을 흡수하고, 천천히 강으

로 내려보낸다. 하여, 논은 쌀농사 짓고 물도 가두니 일석이조요, 일거
양득이다.

어쨌거나 닭도 알곡의 맛을 구별하니, 어느 날 쌀과 보리가 섞인 모
이를 잔뜩 흩어 줘 봤다. 닭의 혓바닥도 귀신같아 쌀만 골라 주워 먹고
마당에는 가뭇가뭇 보리쌀만 남더라! "몸이 먹고 싶어 하는 음식을 먹
고, 몸이 시키는 대로 움직이라."고 하는 것. 쌀이 옛날엔 모자라 탈이
었는데 이제는 남아돌아 '찬밥 신세'가 되었다니 기뻐해야 하는지 아
니면 슬퍼해야 하는지? 경기고등학교에서 교편을 잡을 때다. 쌀이 귀
해 나라에서 혼식(混食)·분식(粉食)을 장려했고, 학생들의 도시락도 보
리쌀을 반 이상 섞어야 했으며, 그것을 어겨 담임 선생에게 걸리면 벌
청소를 했다. 점심시간에 학생들은 도시락을 주욱 펼쳐 놓고 검사를
받았다는 말이다. 꽤나 황당한 일도 있었으니, 어머니들이 도시락 밑
바닥에는 하얀 쌀밥을, 위엔 보리밥으로 덮었으니 내 눈에, 덜컥 그게
안 걸릴 리가 없다. 요새 이런 일이 있다면? 금석지감(今昔之感)이란 이럴
때 쓰는 것이리라! 그때 그 제자들이 이제 오십 중반 앞뒤 나이가 되었
다. 자네들, 참 미안했다! 이해하겠지?

여름 무논은 개구리가 들었다가 '앗 뜨거워.' 하고 튀어나올 정도다.
벼는 어느 품종이나 마디가 모두 12개이고 줄기 안이 텅 비었으니 그
래서 지푸라기가 부들부들한 것. 뿌리도 숨(호흡)을 쉬어야 하는데 논
바닥이 절절 끓으니 산소가 녹아들 수가 없다. 그래서 잎의 기공(氣孔,
stoma)으로 든 산소는 속이 빈 줄기를 타고 뿌리까지 내려가며, 줄기나

뿌리가 텅 빈 통기 조직(通氣組織, aerenchyma)이 발달한 것이 수생 식물들의 특징이렷다!

벼는 하나도 버릴 것이 없다. 현미(玄米)를 도정(搗精, 찧음)하여 쌀겨와 씨눈(배아)을 제거하여 배젖(배유)만을 남긴 쌀을 백미(白米)라 하니 그것으로 밥은 물론이고 죽, 술, 떡, 국수, 엿, 식혜 등을 만들고, 왕겨는 베갯속에 넣거나 번개탄(훈탄)을 만들었고, 속겨는 동물의 사료로, 비료나 비누의 원료로도 썼다. 벼 줄기인 짚은 여물은 물론이고 새끼를 꼬아서 덕석, 멍석을 짜고, 지붕 이엉과 닭둥우리를 만들었으며, 작두로 잘게 썰어 황토에 섞어 담벼락을 쌓았고…… 쓰임새가 한도 끝도 없다. 뭐니 해도 사랑방에서 내가 삼아 신은 짚신, 그놈이 오금, 종아리에 온통 물 튀기던 생각을 좀체 잊지 못한다. 애기를 낳았을 적에 사립짝문에 걸었던 '인줄'이라 부르는 '금(禁)줄'도 짚으로 꼰 왼새끼다!

일본의 어느 실험실에 있었던 일이다. 온실에 벼를 심어 놓고 꽃이 필 만하면 꽃대를 뽑고 또 자라면 뽑아 버리고…… 그렇게 잇따라 3년을 그랬다고 한다. 만일 볍씨가 맺었다면 어느새 시들어 버릴 식물인데 말이지. 제 할 일을 다했기에 죽는다! 다른 관상식물도 꽃을 더 오래 보고 싶으면 씨를 못 맺게 시든 꽃을 그때그때 따 준다. 비슷한 이야기로 이런 엇갈린 운명이 있담! 호박도 애호박이 열릴 때마다 따 먹은 줄기는 무서리가 내릴 때까지 싱싱하게 꽃을 피우지만, 일찌감치 덜렁 누렁 호박 한 덩이를 단 놈은 여름에 벌써 삭아 버린다. 앞의 것은 아직 후사(後嗣)를 잇지 못했기에 죽기 살기로, 갖은 애를 쓰지만 뒤의 것은 자손을 남겼기에 곧장 그만 시든다. 그것 참 묘하다. 어느 생물이나 '사는 목적은 자손 남기기'에 있다는 말이 맞다! 그럼, 그렇고 말고. 세월을 먹어 늙었어도, 청둥호박을 매달지 못한 호박 넝쿨이 청청한 것처럼, 적자지심(赤子之心), 갓난아이의 마음을 가진 철부지로 살면 늦겨울에도 변하지 아니하는 푸름, 만취(晚翠)의 삶을 누릴 터다!

"가을 들판이 딸네 집보다 낫다.", "가을 들판이 어설픈 친정보다 낫다."는 속담은 가을의 풍요로움을 나타낸다. 암튼 덜 여문 풋벼를 홀태에 훑어서 솥에 쪄 가을볕에 말려 찧은 찐쌀을 한입 그득 질겅질겅 씹으면서 쌀 단물을 쭉쭉 빨아 먹었지. 꾀죄죄한 삼베 잠방이 호주머니에 불룩하게 넣어 가지고 천하의 부자가 된 것처럼 뻐기던 그때를 여태 잊지 못한다. 쓰라린 아픔, 피어린 상처도 훗날엔 죄다 행복한 추억으로 남는다더니만……. 죽어서도 한입 그득 물고 가는 쌀이다. 태어나 마신 미음(米飮)에서 시작하여 죽어 저승 쌀을 한입 머금으니, 실로 쌀로 시작하여 쌀로 끝나는 꼬질꼬질한 굴곡(屈曲)진 인생이로다!

가을 산의 정취,
단풍

　일엽지추(一葉知秋)라, 나뭇잎 하나가 떨어짐을 보고 가을이 영긂을
안다! 그렇다, 봄철엔 모든 이가 시인이 되고 가을에는 철학자가 된다
고 했지. 어느 결에 가을이 산정에서 머뭇거림 없이 슬금슬금 기어 내
려왔다. 봄꽃은 남녘에서 하루에 30킬로미터 속도로 내처 북상하고,
가을 단풍은 하루에 거의 20킬로미터의 빠르기로 이어 남하한다고 한
다. 어느새 만산홍엽(滿山紅葉)이다! 뭇 산이 울긋불긋 가을 단풍 옷을
껴입었도다! 시들어 떨어지는 맥 빠진 나뭇잎이 사뭇 남루해진 내 꼬
락서니와 흡사타 하겠다. 황혼은 그지없이 아름다우나 그 뒤에는 캄캄
한 어둠이 기다리고 있나니, 인생무상(人生無常)이라.

　단풍이 지는 원리는 먼저 액포에서 찾는다. 식물도 물질대사를 하기
에 노폐물이 생긴다. 식물은 사람의 콩팥 같은 배설기가 없어서 세포

속에 액포라는 '작은 주머니'에 배설물을 담아 뒀다가 갈잎에 넣어 내다 버린다. 하여, 낙엽은 일종의 배설이다.

여기에 액포 이야기를 조금 더 보탠다. 이 현미경적인 세포 소기관은 늙은 세포에서는 세포의 80퍼센트 이상을 차지하며, 필요에 따라 번번이 모양을 바꾼다. 모든 식물과 균류에 있으며 일부 원생동물과 세균에도 들었다. 말 그대로 막으로 둘러싸인 터질 듯한 작은 주머니에는 물과 함께 안토시아닌 색소, 당류, 유기산, 단백질, 효소와 숱한 무기물질이 들었다.

세포에 해를 주는 물질도 저장하고, 세포를 팽팽하게 부풀게 하는 팽압(膨壓, turgor pressure)과 pH를 일정하게 유지하며, 세포에 쳐들어온 세균을 무찌르니 동물 세포는 리소좀(lysosome)에서 독성 물질이나 쓰다 버린 것이 분해되는데 식물 세포에서는 주로 이것이 담당한다. 또 엽록체를 세포 바깥쪽으로 밀어내어 햇빛에 노출하도록 한다. 흔히 액포는 버려진 것이나 저장하는 '똥통(桶)' 정도로 여기기 쉬우나 그렇지 않다.

너절한 허두를 빼고 바로 요점을 풀이하여 들어간다. 지금 막 여러분이 맞닥뜨리고 있는 그 단풍나무의 이름은? 만물은 다 제 이름이 있고, 제 자리가 있다고 했으니…… 나무나 꽃도 제 이름을 불러 주고 안아 주면 더없이 좋아 날뛴다. 우리를 황홀케 하는 새빨간 단풍잎은 주로 단풍(丹楓)나뭇과(科)의 것으로, 우리나라에는 크게 보아 그런 나무가 5종이 있다. 단풍나무에 가까이 다가가 자세히 들여다보면서, 다음 열쇠(key, 기준)에 맞춰 그것들을 나눠 보자. 잎사귀 둘레가 찢어져 뾰족

뾰족 나온 낱낱의 작은 잎(열편, 裂片)이 3개인 것은 신나무, 5개는 고로 쇠나무(봄에 여기서 고로쇠액을 뽑음), 7개를 단풍, 9개는 당단풍, 11개인 것이 섬단풍이다. 그중에서 '당단풍' 잎이 가장 붉다. 그리고 단풍나무 열매는 부메랑(boomerang) 닮은 시과(翅果, 날개가 달린 과실)라서 줄기에서 떨어지면 팔랑개비처럼 뱅글뱅글 돌아 멀리멀리 퍼져 날아간다. 어쨌거나 단풍잎의 열편을 외웠다가 단풍나무들의 이름을 살갑게 불러 주자꾸나. 그러면 뿌리째 확 뽑혀 후다닥 열째게 당신께로 막 달려올 것이다!

그런데 앞서 말한 액포 속에 저 아름다운 단풍색이 들었다! 터질듯 부푼 액포에는 카로티노이드계인 안토시아닌에다 카로틴(carotene), 크산토필(xanthophyll), 타닌(tannin) 같은 색소는 물론이고 달콤한 당분도 녹아 들어 있어 사탕수수나 사탕단풍에서 설탕을 뽑는다. 안토시아닌은 식물의 꽃과 열매, 잎들에 많이 들어 있으며 산성에서는 빨강, 알칼리성(염기성)에선 파란색을 내는 색소 화합물이며, 생체에서 강력한 항산화물(抗酸化物, antioxidants)로 암이나 노화 등 여러 질환에 좋다 한다.

연두색인 엽록체와 엽록소 이야기가 잠시 여기에 끼어든다. 엽록체(葉綠體, chloroplast)가 들어 있으면 왜 잎이 녹색이란 말인가. 잎의 세포에는 평균 50~200여 개의 아주 작은, 현미경으로 봐야 겨우 보이는 엽록체 알갱이가 들어 있다. 모양을 굳이 따진다면 원반(圓盤)에 가깝고, 하등한 식물은 세포 하나에 엽록체 하나만 갖는 수도 있다. 녹색 식물의 잎이 녹색인 것은 "엽록체가 녹색을 띠기 때문이다."라고 답할 것이다. 그 말도 맞다. 엽록체에는 '잎파랑이'라는 순우리말을 가진 싱그러운 원초(原初)의 색소인 엽록소(葉綠素, chlorophyll)가 한가득 들어 있다. 잎파랑이는 다른 색은 모두 다 흡수하거나 투과하고 녹색만 반사하기에 잎이 녹색이다. 그렇구나!

자연은 결코 갑작스런 비약을 하지 않는다고 한다. 더위가 물러나고 날씨가 썰렁해지면서 세포 속 엽록체에 켜켜이 틀어박혀 있던 광합성의 본체인 녹색 엽록소가 파괴되고 그것에 가려 있던 카로틴, 크산토필, 타닌 같은 색소들(모두 광합성 보조 색소임)이 겉으로 드러나면서 잎에 물이 든다. 거듭 말하지만 이런 색소는 가을에 느닷없이 생겨난 것이 아니라, 봄여름 내내 짙은 엽록소 그늘에 묻혀 있다가 온도에 약한 엽록소가 파괴되면서 겉으로 드러난 것이다. 하여, 가을 단풍은 먼저 추워지는 산꼭대기에서부터 시작한다. 단풍이 지는 가장 큰 까닭은 낮은 온도에 있다는 뜻이다. 힘 빠진 잎사귀(액포)에 든 안토시아닌은 가랑잎을 빨갛게 물들이고 카로틴이 많은 것은 당근 같은 황적색을, 크산토필이 풍부하면 은행 잎사귀처럼 샛노랗게, 타닌이 그득하면 거무죽죽한 회갈색들을 띠게 되니 온 산이 북새통이다.

한데, 액포에 당분이 많으면 많을수록(화청소와 당이 결합하여) 단풍색이 훨씬 더 맑고 밝다. 가을에 청명한 날이 길고, 낮과 밤의 일교차가 큰(광합성 산물을 밤에는 호흡으로 소비하는데, 온도가 낮으면 호흡량이 줌) 해에는 단풍이 전에 없이 더 예쁘다고 하는데, 그것은 당이 풍성한 탓이다. 그리고 가을이 되면 잎자루 아래(기부)에 떨켜(이층, 離層)가 생겨 잎에서 만들어진 당이 줄기로 내려가지 못하고 잎에 쌓이게 되는 것도 단풍이 드는 중요한 요인으로 생각한다. 그렇듯 당분이 가장 많이 든 단풍은 사탕단풍(캐나다에선 이런 나무에서 메이플 시럽을 뽑음)이며, 그래서 그것이 총중(叢中)에 가장 붉다. 거참, 알고 보니 사람의 눈을 홀리는 단풍색은 화청소와 여러 색소, 그리고 당분의 농도가 부린 수리수리 마술이었구나!

어디선가 잘못 이야기한 적이 있어서 서둘러 회개한다. 익은 고추가 붉은 것은 안토시아닌 때문이 아니고, 주로 캡산틴(capsanthin)이라는 색소 탓이며 고추가 매운맛(실은 맛이 아니고 통각임)을 내는 것은 캡사이신(capsaicin, 고추의 학명 *Capsicum annuum*의 Capsicum에서 따옴)이라는 물질 때문이다. 호호 맵다. 얼마나 맵기에 옛날 어른들이 고초(苦草), 먹기에 고통스런 풀이라고 이름 붙였을까. 고추는 끝자락보다는 줄기 쪽이 더 맵다. 그 매운맛은 애초부터 고추가 다른 미생물(세균, 곰팡이, 바이러스)이나 곤충에 먹히지 않기 위해 만들어 놓은 자기방어 물질인 것.

차차 쇠하여 보잘것없이 되어 버리는 조락(凋落)의 시간은 끝내 누구에게나 찾아온다. 옥신(auxin)이라는 생장 호르몬이 저온에 사그라지면서 나무줄기와 잎자루 아래 틈새에 떨켜가 생겨나 뚝뚝 낙엽이 모두 진다. 여자들은 저 낙엽 구르는 소리에 덩달아 깔깔 웃는다고 하지! 낙엽귀근(落葉歸根)이라, 잎은 뿌리에서 생긴 것이니 전수(全數) 다시 제자리로 돌아가야 한다. 진 잎은 나무의 발(뿌리)을 감싸 줘서 어는 것을 막아 주고 썩어 문드러져 거름이 되어 선뜻 자양분이 되어 준다. 만약에 가을 나무들이 이파리를 떨어뜨리지 않는다면? 한겨울 추운 날씨에 아래 발치의 물이 얼어 버려 물관을 타고 금세 못 올라가는데 끄트머리 잎에서는 증산이 퍼뜩퍼뜩 일어난다면 나무는 결국 말라 죽는다. 나무도 휑하니 잎을 떨치고 싶어 그러는 것이 아니렷다. 녀석들이, 참으로 속 차고 똑똑하구나! 우린 그들에서 유비무환(有備無患)을 기꺼이 배운다. 말 못하는 식물이라고 깔보지도 얕보지도 말라.

독자 여러분은 이 글에 너무 한눈팔지 말고, 다시 못 올 아리따운 '천년의 이 가을'을 한껏 즐겨 보시라. 우리의 어머니(mother)인 자연(nature)은 정녕 눈물겹게 아름답다. 우린 자연이라는 삶의 터전이 꼭 필요하지만 자연은 우리가 필요 없다. 차라리 없는 것이 좋다!

소금밭에 사는
염생 식물

 나름대로 추억 서린 엉뚱한 이야기다. 추석이 다가오거나 이따금 귀한 손님이 오는 날에는 마당에 난 드세고 억센 풀을 말끔히 뽑아야 한다. 잡초가 나를 골탕 먹인다. 사립문 어귀나 마당 언저리에 바랭이, 개비름, 독사풀 따위의 잡초들이 뽑아도 밟아도 무진장으로 올라온다. 사람 사는 집에 잡초가 널려 있어서 되겠는가. 요새 같으면 제초제를 확 뿌려 버리면 되지만 그것이 없을 때라 놈들에게 부랴부랴 소금을 마구 흩어 버린다. 그토록 서슬이 시퍼렇던 바랭이들이, 소금 맛을 보자마자 시들시들 흐물흐물 스르르 맥이 빠지면서 제풀에 녹아 버린다. 이렇게 육상 식물(陸上植物, terrestrial plant)은 소금이라면 질색한다.

 땅 위 식물들은 소금을 그렇게 싫어하고 꺼리는데, 늘 소금기 총총한 바닷바람을 맞고, 소금 범벅인 갯벌이나 짜디짠 바닷물 속에 사는 풀들은 무슨 재주를 가졌기에 거기서 꽃 피우고/포자 만들면서 새끼 치기를 한단 말인가! 소금기가 많은 땅(saline soil)에서 살아가는 식물을 통틀어 염생 식물(鹽生植物, halophyte)/내염성 식물(耐鹽性植物, salt tolerant plant)이라 한다. 영어 'halophyte'의 'halo'는 소금(salt), 'phyte'는 식물(plant)이란 뜻이다.

 짠 소금밭에 사는 식물은 전 세계 식물의 2퍼센트(2,600여 종) 정도를 차지하고, 우리나라 것은 총 16과(科) 40여 종(種)이며, 개펄이 없는 동해안보다 갯벌이 끝 간 데 없이 펼쳐지는 남서 해안가에 군락(群落)을 지운다. 주기적으로 해수(海水)의 영향을 받으면서 사는 염성 식물(鹽性植物)에는 퉁퉁마디(함초), 해홍나물, 나문재, 칠면초, 숙송나물, 갯능쟁이 등이 있으며 일반적으로 줄기와 잎에 수분(액즙)을 많이 가지고 있는 육질(肉質, succulent)인 것이 특징이다. 거의 모두가 초본(草本, herbs)들이지만 열대 지방이나 아열대 지방의 하구, 바닷물과 민물이 섞이는 기수(汽水) 지역의 물가에 내염성(耐鹽性)인 맹그로브(mangrove) 같은 목본(木本, trees) 식물도 숲을 이뤄 산다. 식물은 손발이 없으니 도망도 못 가고 자기가 처한 환경을 어떡하던 견뎌 이겨 내야 한다. 피할 수 없으면 즐기라고 했지! 웬만한 어려움 속에서도 움쩍 않는 식물들은 동물보다 만만찮은 생명력을 가진 창조물(creature)이다. 하여, 우리는 이들 식물에서 곤란을 극복하는 지혜를 배운다.

 여담이지만, 갯벌에서 보면 드는 물은 듦이 아주 거칠고 세찬 울림이 있는 반면에 날물은 미적거림 없이 쉬엄쉬엄 어느새 선뜻 빠져 버리고 만다. 탄생이 거침없는 썰물이라면 죽음은 힘 빠진 밀물이다! 어처구니없게도 일생을 어영부영 다 써 버린 나, 끝내 죽음을 쥐 죽은 듯, 잠자는 듯 맞이할 순 없을까? 적선을 많이 깔아 놓아 곱게 살면 탈 없이 예쁘게 죽는다 하였으므로……

바닷물 1리터에는 보통 소금(NaCl, sodium chloride)이 약 35그램이 들었으며, 보리 같은 육상 식물은 소금기가 있는 둥 마는 둥한 리터당 1~3그램 농도다. 염성 식물 중에는 비가 한줄기 늘씬하게 내리는 틈을 타서 재빨리 싹을 틔워 벼락같이 자라 다짜고짜 꽃 피우고 열매 맺는, 번갯불에 콩 구워 먹는 식의 한살이(일생)를 끝내는 것들이 꽤 있다고 한다. '빛의 속도로 변하는' 이것들은 염분을 '견디는 것'이 아니라 외려 '염분을 피하는 것'이다. 그러면서도 그들은 보통 육지 식물인 중생 식물(中生植物)과 별반 다르지 않게 세포질 속에 '정상적인 내부 염분 농도'를 유지한다고 하니 대경실색(大驚失色)할 노릇이다. 식물 세포의 염분 농도가 펄의 소금 짙기보다 훨씬 덜하다는 말이다. 어떻게 그럴까?

식물이 염분 때문에 사뭇 혼이 나는 어려움을 '소금 스트레스(salt stress)'라 하는데 그것은 크게 세 가지로 묶인다. 첫째로 소금의 나트륨 이온(Na$^+$)은 흙의 다공성(多孔性)을 감소시켜 공기 유통과 수분 전도를 억제하고, 둘째로 고농도의 염분은 토양에 수분을 줄여서 물과 양분 섭취를 방해하며, 셋째로 염분이 효소·물질대사를 간섭하여 생장을 방해할뿐더러 광합성에까지 지장을 준다. 그러나 아직도 말끔하게 그 기작(기전)을 밝혀내지는 못했다.

그렇다면 어떻게 염생 식물들이 세포의 염분 농도를 보통 식물의 것과 엇비슷하게 유지, 조절하는 걸까? 이를 밝히는 데 식물 생리학자들의 말 못할 노고가 깃들어 있다. 첫째, 맹그로브 같은 나무 식물은 뿌리에 염분이 통과하는 것을 차단하는 거름(여과) 장치(ultra-filtering system)가 있어서 필요 없이 많은 소금이 식물에 드는 것을 막는다. 여의치 않으면 에너지(ATP)를 써서 기꺼이 소금을 뿌리 밖으로 되돌려 내보낸다. 둘째, 세포에 들어온 소금을 잎을 통해 밖으로 분비(배설)하거나, 잎에 염분을 모았다가 그 잎이 죽어 떨어질 때 함께 버린다. 다시 말하면 잎에 있는 특수한 조직인 소금 샘(salt gland)을 통해 많은 양의 소금을 배출하고, 배설된 소금은 이파리에서 희끗희끗 소금 결정(crystal)을 만들어서 더 이상 식물에 해롭지 않게 하므로 세포질의 농도를 낮춘다.

셋째, 소금을 두고두고 세포에 저장하는 식물은 그 소금을 세포질이 가지고 있는 것이 아니라 노폐물을 저장하는 액포에 넣어 둔다는 것이다. 그리하여 세포질에 들어 있는 효소나 엽록체가 상해를 입지 않게 한다. 거참, 대단한 기술이요, 놀랄 만한 생리 현상이다. 넷째, 물이 부족한 곳에 사는 사막 식물들이 대체로 물을 많이 저장하기 위해 다육성이듯이, 염생 식물도 물을 듬뿍 품어서 염분의 농도를 어느 정도 옅게 희석한다. 식물이 어리석지 않구나! 더 신기한 것은 이것들을 보통 식물이 사는 맨땅에 갖다 심어도 아무 탈 없이 자란다는 것이다. 그 반대는 어림도 없다.

지금까지 이야기한 이런 관다발(유관속) 식물 말고도 조류나 세균, 효모들도 염분의 농도를 기차게 조절한다. 그런가 하면 식물체가 통째로, 마냥 바닷물 속에서 살고 있는 미역, 다시마 같은 바다풀들이 있지 않는가! 정작 호락호락치 않은 식물이니 우습게 여기지 말 것이요, 얕봐서도 안 된다. 우리는 족탈불급(足脫不及), 맨발로 뛰어도 그들을 따라붙지 못한다. 조금만 짜게 먹어도 고혈이 어쩌고저쩌고 하다고 방정을 떨기 일쑤다. 소금물 한 바가지 벌컥 마셨다면 아주 큰일이 나겠다. 하지만 소금이 부족하거나 없어도 큰일 난다. 말 그대로 넘쳐도 탈 모자라도 안 되는 과유불급인 소금이로다!

여기에 염생 식물을 대표하여 퉁퉁마디를 소개한다. 물기를 많이 품어 마디마다 탱글탱글 포실한 퉁퉁마디(*Salicornia herbacea*)는 종자식물문(門), 쌍떡잎식물강(綱), 석죽목(目), 명아주과(科)의 한해살이풀로 보통 '함초(鹹草)'라 부르는데, 함초의 '鹹'은 '소금기/짠맛'이라 하니 '함초'는 우리말로 '소금풀'이다. 이 지구에서 갖은 신산(辛酸)을 다 겪으면서도 아랑곳 않고 긴긴 세월 힘들게 살아온 가장 오래된 식물 중의 하나가 퉁퉁마디이다. 촘촘히 자리매김한 함초 포기가 봄여름엔 전체가 녹색이지만 가을에는 붉디붉은 자주색을 띠므로 그 드넓은 가을 갯벌이 불그스름하게 물든다. 공교롭게도 인천 공항 가는 길에 영종도 연육교를 지나면서 차창에 비치는 산지사방 드넓은 갯벌을 덮고 있는 그들을 만난다.

함초는 염분과 함께 소중한 미량 원소(微量元素, trace elements)를 다 품고 있으며 맛이 짭짤하고 액즙은 미끄덩거리는 것이 끈끈하다. 함초의 즙

은 바다의 불순물을 뿌리가 모두 걸렀기에(뿌리털의 세포막은 반투성막이라 정
수기의 필터 역할을 함) 가장 고품질의 맛깔스런 소금물이라 해도 손색이 없
으며, 바다 무기 염류(ocean minerals)가 많아서 우유보다 칼슘(Ca)이 7배,
해초보다 철분(Fe)이 40배, 큰 굴(石花) 알보다 3배나 많은 칼륨(K)을 가
지고 있다고 한다. 그래서 앳된 잎으로 함초 간장, 함초 가루나 환(丸),
함초 소금, 함초 막걸리 등을 만들어 먹는다. 알고 보면 개펄을 통째로
파먹는 셈이다!

우리만이 아니다. 함초는 일본에서는 천연기념물로 지정하여 보호
하고 있을 정도이고, 프랑스에서는 아주 귀한 요리 재료로 대접받으며,
중국에서는 염초(鹽草), 신초(神草), 복초(福草)라 하여 그 희귀성과 효능
을 높이 산다고 한다. 새삼 깨닫는 것이 있다면 이렇게 미처 몰랐던 것
을 글을 쓰면서 엄청스레 배우고 익힌다! 그 재미가 없으면 누가 이 힘
든 글을 끼적거리겠는가.

갯벌의 '소금풀'은 늘 바다를 이웃 친구 하며 언제나 소금기 총총한
바닷바람을 쐰다. 삶은 고통의 바다(苦海)라 했던가. 나 여기에 또 나를
다짐한다. 내 여생, "바다처럼 낮아져 모두를 섬기며(받들며)/바다처럼
깊어져 빠짐없이 깨달으며(이해하며)/바다처럼 넓어져 낱낱이 안으며(포용
하며) 살겠노라."고 말이다.

알콩달콩 도움 살이,
속살이게

누구나 다 조갯국을 먹다가 아마도 희끄무레한 것이, 손톱만 한 꼬마둥이 게를 심심찮게 보았을 터다! 그때마다 시답잖다거나 꺼림칙하다 하여 송두리 버리지는 않았는가. 보잘것없고, 눈꼴시고 언짢아도 게는 게인데 말이지. 그것들이 굴, 대합, 동죽, 모시조개, 가리비, 키조개 등 좀 큰 축에 드는 조개속(屬) 안에 올망졸망 삶을 누리고 있으니 이것을 '속살이게'라 한다. 서양인들은 강낭콩 닮았다 하여 'pea crab', 조개속살이 한다 하여 'mussel crab'이라 부른다.

속살이게 이야기 전에 게의 일반 특성을 조금만 본다. 게는 절지동물(arthropod)의 갑각류(甲殼類, crustacean)로, '갑각(甲殼)'이란 말은 껍데기(殼)가 딱딱하다(甲)는 뜻이며, 특히 등딱지가 크고 외골격이 야물어서 몸을 숨기는 데 안성맞춤이다. 게는 두흉부(머리가슴)와 그 아래에 달라붙은 아주 작은 복부('게꽁지')로 나뉘며, 두흉부 앞쪽에 1쌍의 눈과 함께 갑각류의 특징인 2쌍의 더듬이(antennae)가 있고, 그 뒤에 집게다리(pincer) 1쌍과 걷는 다리(walking legs) 4쌍을 합쳐 5쌍(十脚類))의 다리를 가진다.

보통 바닷가에 사는 게들을 일러 '해변의 지배자'라 부른다. 그리고 게를 뜻하는 '해(蟹)' 자는 벌레 충(蟲) 자에 풀 해(解) 자가 더해져 만들어졌는데, 거기엔 정기적으로 껍데기를 벗는다는 의미가 들었다고 한다. 게는 한자어로 '횡행공자(橫行公子)', '횡행개사'(橫行介士), '무장공자(無腸公子)'라 부르는데 횡행개사의 '개(介)'도 '갑(甲)'과 같이 '딱딱함'을 뜻하고 창자가 아주 작아 '무장(無腸)'이라 한다. 해조문(蟹爪紋, 도자기의 겉면에 게의 발이 갈라지듯 잘게 난 금이나 도자기의 게 발자국 같은 무늬)이나 해행문(蟹行文, 게걸음처럼 써 나간다는 뜻에서 옆으로 쓰는 것을 이르는 말) 같은 말에서도 게와 사람이 가까웠다는 것을 알 수 있으며, 옛날 그림에 '참게'를 소재로 한 것도 많다.

게는 옆으로 걷는 종류가 대부분이지만 '물맞이게'와 같이 아예 앞으로 걷는 것, '닭게'처럼 늘 뒤로 가는 놈, 헤엄치는 '꽃게'도 있다. 어미 게가 자식 게에게 "옆으로 기지 말고 앞으로 똑바로 걸어라."고 했고, 혀짜래기 아버지가 "나는 '바담 풍' 하지만 너는 '바담(바람) 풍' 하라."고 했다지. 자식 잘되길 바라는 부모들의 한결같은 소망이 스며 있도다! 한편, 태어난 아이가 어깃장 놓는다고 하여 여자가 임신하면 게를 먹지 말라 했고, 과거를 보러 가는 사람도 게를 먹지 않았으니 그나마 앞으로 달려가도 붙을까 말까 한데 게걸음질을 해서야 어찌 알성급제를 하겠는가.

게의 호흡 기관인 아가미는 아가미 방 안에 들어 있으며 등딱지에 덮여 있다. 물 밖에 잡혀 나온 게는 아가미 방과 연결되어 있는 구멍을 통해 물이 나가면서 아가미에서 뽀글뽀글 게거품을 내놓는데, 공중의 산소를 그 거품에 녹여 숨을 쉬는 까닭에 물 없이도 쉽게 죽지 않고 부쩍 오래 버틴다. 그리고 짖지 않는 개와 소리 없는 강물이 더 무섭다고 하듯이 이리도 저리도 도망 못 가는 막장 굴에 든 게는 사납게 문다. 암튼 게는 굴을 파는 습성을 가지고 있어서 "게도 구멍을 둘 판다."는 말은 준비성이 있다는 말이다. 하여, 누구나 언젠가는 친구 되어 달래가며 살아야 할 암(癌, cancer)의 어원이 게(crab)에 있다고 하니, 게가 여기저기 옮겨 다니면서 굴을 파듯이 암세포도 한자리에 있지 못하고 이리저리 헤집고 파고들지 않는가. 전이(轉移, metastasis)라는 것이다.

문득 살아온 뒷모습을 새삼 되돌아보면, 누구나 낯간지러워 이내 덮어 버리고 싶은 부끄러운 일도 많지만 거듭 드러내 놓고 자랑하고픈 것도 더러 있다. 신혼 초, 처음 맞는 늦가을이었을 것이다. 넉살 좋게 "여보, 시장에 꽃게(blue crab)가 많이 났던데, 알 밴 암게 좀 사다 삶아 먹읍시다."라고 했다. 그때만 해도 집사람이 게걸음질을 하지 않고 고분고분 내 말을 잘 들었으나 끝내 호랑이가 되어서……. 꾸물대는 산 게를 사 왔는데 엉뚱하게도 죄다 수컷이 아닌가? 그렇다! 보통 사람들에게는 게 암수 구별이 어렵다. 수놈은 배딱지가 상대적으로 기름한 것이 좁으나 암컷은 옆으로 넓적하고 '오리궁둥이'처럼 펑퍼짐한 것이 안에는 털이 부숭부숭 많이 나 있어서 알을 달라붙이기에 알맞다.

부엌을 가까이 하면 이내 과학을 만난다? 이날도 집사람이 살아 있는 꽃게를 사 와서 게장을 담는답시고 억센 솔로 거센 갑각과 배 바닥을 싹싹 문질러 정갈하게 씻은 다음 게를 도마 위에 올려놓고 칼로 게 다리 끝자락 하나를 탁! 내리쳤다. 저런! 생뚱맞게도 칼이 닿지 않은 다른 다리들도 제김에 깡그리 우두둑, 마디마디 잘려 내리지 않는가! 산산조각이 났다. 뭘 좀 안다는 나도 화들짝 놀라 기겁하였다! 그렇다. 도마뱀이 서슴없이 마구 꼬리를 잘라 주듯 자절(自切, autotomy)이라는 본능적인 자해 행위이다. 기꺼이 살 주고 알 주고, 키토산(chitosan)까지 주는 고맙기 그지없는 게, 게는 옆으로 가도 제 갈 데는 다 찾아간다지. 그리고 큰따옴표(" ")를 '게발톱점'이라고 부른다. 참 멋진 비유가 아닌가!

굴에 속살이 하는 '굴게(oyster crab, *Pinnotheres ostreum*)'의 특성을 통해 속살이게들의 생리, 생태를 살펴보자. 굴게 암놈은 조갯살색을 띠며 게딱지의 길이는 3센티미터에 달하고(대부분 조개 속 공간인 외투강의 약 4분의 1 크기임) 앞뒤로 불규칙한 띠(stripe)나 점이 있다. 수컷은 개체 수가 적은 편이며, 암컷보다 훨씬 작은 것이(7밀리미터) 흑갈색으로 조개 안이 아닌 바깥에서 주로 산다.

생식 시기(5월경)가 되면 암컷은 바깥나들이를 한다. 암컷이 살고 있는 조가비의 둘레에서 곁불 쬐듯 팔짱 끼고 빙빙 맴돌고 있던 서먹서

먹한, 낯이 선 수놈과 허물없이 만나 헐레벌떡 득달같이 짝짓기를 끝내고 서둘러 조개 안으로 되돌아간다. 가슴 저미는 곡진(曲盡)한 사랑에는 하등 고등이 없다! 이때껏 씨받은 알을 부여잡고 있다가 부화한 앳된 유생들은 출수관을 타고 나가 아무도 살지 않는 조개를 찾아 들어가 새 삶을 펼친다. 보통 한 해 살다 죽으며, 특히나 수컷은 짝을 만난 뒤 곧바로 죽고 만다고 한다. 독자들은 이들이 조개 몸 안에 사는 것을 답답하거나 따분할 것으로 알겠지만 제 좋아서, 제 멋에 겨워 기껍게 산다. 그렇게 살게끔 긴 세월에 걸쳐 진화해 온 탓에 다른 곳에서는 살지 못한다. 사실 딱딱한 껍데기를 가진 조개 속보다 더 안전지대가 어디 있겠는가. 사연 없는 만물 없고, 이유 없는 결과 없다!

1~3퍼센트의 조개에 속살이게가 들었고 많게는 18퍼센트나 된다고 한다. 이것들이 조개 안에 살아서 따로 다친다거나 천적으로부터 공격을 받을 위험성이 없기에 외골격(껍데기)이 발달하지 않아 게딱지가 흐물흐물하고 반투명하여 내장이 훤히 들여다보인다. 그러나 짝짓기를 위해 숙주(조개) 밖으로 나간 얼마 동안은 물컹한 겉껍질이 야물어진다. 게다가 암컷은 어두컴컴한 조개에서 사는지라 눈이 아예 등딱지에 묻혀 보이지 않으나 수컷의 눈은 커다란 것이 또렷하다. 그리고 수컷은 항상 밖에만 머무는 것이 아니고 조개 입이 열렸을 때 뻔질나게 들락거린다고 한다.

속살이게와 조개는 기생(寄生, parasitism) 관계일까 아니면 공생일까? 필자도 늘 궁금해 왔고 긴가민가했는데……. 힘겹게 글을 쓰면서도 새로운 앎을 캐는 행복을 나만 누리는 것 같아 미안하다. 밑천 하나 없는 천덕꾸러기 속살이게는 조개 먹을거리를 도둑질하여 먹는다는 점에서 기생이지만 조개에게 엄청난 도움을 준다는 점에선 외려 공생이다. 조개는 물에 든 유기물이나 플랑크톤을 입수관을 통해 빨아들여서 아가미에서 걸러 모아 먹는 여과 섭식(濾過攝食, filter feeding)을 한다. 보라! 속살이게는 숨쉬기와 섭식에 중요한 조개 아가미를 시도 때도 없이 덕지덕지 켜켜이 덮어 버리는 구질구질한 더께(점액)를 지체 없이 먹어서 치워 준다. 게는 군식구가 아니다! 세상에 거저 얻는 공짜란 없다. 게는 조개의 보살핌을 받으면서 먹이를 얻고, 조개는 게가 해로운 점액을 걷어 치워 주니 그 또한 좋다. 세상에 이렇게 시종 알콩달콩 살아가는 멋진 '도움 살이'가 어디 있나! 누이 좋고 매부 좋기다! 서로 도우며 살아가는 모습이 정녕 자연에 대한 거룩한 경외심까지 느끼게 하는구나!

애달픈 이름의
짚신벌레

짚신벌레는 세포 하나로 이뤄진 단세포 동물 즉, 원생동물(原生動物, Protozoa)의 섬모충(纖毛蟲) 무리이다. 짚신벌레(paramecium)는 맨눈으로 보이지 않아 현미경으로 돋보아야 보인다. 원생동물에는 짚신벌레 말고도 아메바, 볼복스(volvox), 나팔벌레, 종벌레 등 수없이 많고, 화석(化石, fossil)을 포함하여 약 6만 4000종에 이른다고 한다. 그런데 이 지구상에는 우리 눈에 띄는 생물보다, 미시적인 생물의 가짓수가 훨씬 더 많다. 전체 동물의 20퍼센트 정도만 겨우 이름을 가졌을 뿐, 세균이나 원생동물 같은 것은 아직도 채 분류가 안 된 것이 터무니없이 많아 '이름 없는 생물'이 거의 대부분이다. 온통 지구는 미지의 세계란 뜻! 지금도 열대림에 사는 커다란 포유동물이, 깊은 바다에서는 괴물 물고기들이 신종(new species)으로 밝혀지는 실정이다.

짚신벌레의 우리말 이름 말이다. '짚신벌레'란 말은 '짚신을 닮은 벌레'라는 말이 아닌가? 기가 차고 애통하고 서럽고 한스럽도다! 무엇이 그렇게 애달프단 말인가? 서양 사람들은 이 벌레를 '슬리퍼를 닮은 동물(slipper animalcules)'이라 하는데 우리는 짚신짝 닮았다니 하는 소리다. 하지만 그것은 갖은 신산(辛酸)의 삶을 사셨던 존경하옵는 제1세대 선배 생물학자들이 그나마 노심초사 끝에 가까스로 붙인 이름이다. 여느 생물이나 이름 하나에도 한 시대의 역사와 문화가 녹아 배였으니, 끝내 짚신벌레에는 우리의 슬픈 가난이 달라붙었다.

죽장망혜(竹杖芒鞋), 대지팡이와 짚신이라는 차림으로 길을 떠나는 데 필수품이었지. 필자도 벼 줄기 마른 짚으로 자주 짚신을 삼아 신었고, 그때는 짚신과 삼으로 삼은 미투리, 나무를 깎아 만든 나막신이 모두였다. 그렇잖으면 마사이족처럼 '맨발의 사나이'였다. 아마 지금에 그 벌레의 이름을 붙인다면 아마도 '짤짤이벌레'라거나 '운동화벌레', '구두벌레' 따위가 되지 않았을까? 조상 덕에 물질의 풍요를 누리고 있는 독자들은 아마도 '호랑이 담배 피우는' 이야기라거나 어처구니없는 우스갯소리로 들릴 테지만 빈말이 아니다. 사실 현미경으로 본 짚신벌레는 앞 끝은 뭉뚝하고 둥그스름한 편이며 뒤 끝은 조금 길게 좁아지면서 전체적으로 원뿔꼴로 짚신을 빼닮았다. 박물관에 가 버린 짚신을 지금도 초상집 상제(喪制)들이 신는 수가 있다.

짚신벌레는 그래도 딴 원생동물에 비해 꽤 큰 편이라(보통 0.05~0.35밀리미터) 받침 유리에 떨어뜨리고 들여다보면 이리저리 왔다 갔다 하는 것이 육안으로 겨우 보인다(사람 눈이 볼 수 있는 한계는 0.1밀리미터임). 온 몸에 3,000개가 넘는 잔털이 잔뜩 난 '털북숭이' 짚신벌레는 단단한 섬모로 세차게 물살을 일으켜서 전진 후퇴에다, 360도로 몸을 뒤틀면서 평균 1초에 2.7밀리미터 속도로, 제 몸길이의 12배 빠르기로 달린다. 대략 사람이 100미터를 5초에 달리는 속도다! '번개 스프린터' 우사인 볼트여, 짚신벌레와 한번 겨뤄 보시겠나? 섬모(cilium, 복수는 cilia)는 600여 개의 단백질로 구성되며, 영어로는 '속눈썹(eyelash)'을 닮았다는 뜻이며, 편모(flagella)와 중심립(centriole)과 전자 현미경적 구조가 같다.

그리고 세포는 어느 것이나 아주 복잡하고, 그 속에는 흘러온 지구의 역사와 발자취를 담고 있기에 "세포는 우주다(A cell is a cosmos)."라 일컫는다. 특히 섬모충류는 핵을 여럿 갖는데, 짚신벌레는 핵이 둘이며, 몸의 활동을 조절하는 '작은 뇌'에 해당하는 대핵(大核, macronucleus)과 생식을 담당하는 염색체(종에 따라 80개에서 수백 개임)가 들어 있는 소핵(小核, micronucleus), 물을 퍼내어 삼투압 조절(배설)을 하는 수축포(收縮胞, contractile vacuole, 한 마리에 2개씩 듦), 미토콘드리아, 리보솜 등 모든 세포 소기관을 다 가졌다. 있을 건 다 있어서 사람 세포와 별로 다르지 않다.

그리고 짚신벌레는 생식 방법이 특이하다. 먹을 것이 흔하고 온도도 적당한 좋은 환경에서 하루에 연거푸 2~3번씩, 둘로 쪼개지는 이분법(二分法, binary fission)으로 수를 늘린다. 하지만 늙고 춥고 배고픈 짚신벌레는 짝을 찾아 '접합(接合, conjugation)'하여 작은 핵을 송두리째 교환하면서(보통 12시간이 걸림) 생기(vitality)를 되돌려서 새로 새끼 퍼뜨리기를 하는

데, 짝을 찾지 못한 녀석들은 어이없게도 시나브로 늙고 병들어 종내에는 죽는다. 성자필쇠(盛者必衰)라, 성하면 멸한다지만 그 원리를 안다면 공짜 인생을 좀 더 누릴 수 있을 터인데 불행하게도 짚신벌레가 소핵을 막 바꾸므로 왜 기운을 도로 얻게 되는지 그 까닭을 이때껏 아무도 모른다. 그런데 이들 짚신벌레는 함부로 짝을 지우지 않는다. 이들도 일가견이 있는 터라 배우자는 같은 종을 원칙으로 하고(동종 교배), 선을 보고 마음에 드는 짝을 골라 소핵(유전 물질)을 바꾼다. 네깐 놈들도 짝이 있다고!?

이분법은 '무성 생식', 접합은 '유성 생식'으로 한 생물이 무성 생식과 유성 생식을 다 하는 것은 아주 드문 일이다. 어쨌거나 몹시 모질고 혹독한 환경에 살면서 병에 걸리기 쉽고 일찍 죽을 운명인 동식물은 자구책으로 서둘러 새끼(후손)를 낳아 얼른 기른다. 끈질기게 고달픈 삶을 꾸려 가는 사람들 역시 십대에 자식을 낳는 성향이 강하다 하지 않는가. 전쟁 중에 출산율이 늘고, 가난한 사람들이 애기를 많이 낳고……. 그렇다, 몇몇 정신 빠진 사람들 빼고는 세상에 새끼·씨를 남기지 않고 죽으려 드는 생물은 아무도 없다.

원생동물은 섬모충류, 아메바류, 편모충류 셋으로 크게 나뉜다. 그런데 우리 사람 몸에도 곧장 진화의 증거로 들곤 하는 원생동물의 특징이 남아 있어, 숨관(trachea, 기관)과 수란관(fallopian tube)에 섬모가 있고 백혈구(白血球)가 아메바 운동(작용)을 하며, 정자가 편모를 가지고 있어서 난자를 찾아 달려간다. 자칭 최고로 고등하고 잘났다고 뻐기는 당신 몸뚱어리에 원시 생물의 그 무엇이 그대로 남아 있다니! 숨관의 섬모는 가래를 빗질하여 쓸어 모아 올려 주는 역할을 하는데 담배를 수십 년 피워 섬모가 다 망가진 노인들은 아침 녘에 안간힘을 다해 가래 빼느라 밭은기침을 한다. 그리고 수란관(나팔관)에 섬모가 없으면 수정란을 자궁으로 훑어 내려보내지 못하여 그만 나팔관에 착상(着床, implant)하는, 가장 흔한 자궁 외 임신(ectopic pregnancy)을 하게 된다. 있을 건 다 있어야 하는 법이다.

짚신벌레에는 여러 종(*Paramecium caudatum, P. aurelia, P. bursaria* 등)이 있는데 그중에 녹색짚신벌레(*Paramecium bursaria*)라는 종의 세포 속에는 수백 개의 단세포 녹조류인 클로렐라(chlorella)가 광합성을 하여 서로 부족한 양분을 주고받으면서 더불어 산다. 어찌 이런 일이? 동물에 광합성을 하는 식물이 공생하는 것은 흔치 않다! 참고로 학명 쓰기에서 한번 속명(여기선 *Paramecium*)이 나온 뒤에는 모든 속명은 *P. aurelia*처럼 약자(*P.*)로 쓰기로 명명규약(命名規約)에 약정(約定)하고 있다.

짚신벌레는 연못이나 냇가의 고인 물에 희뿌연 거품이 부글거리는 고지랑물(scum)에 사는 '지저분한 동물'이며 역시 거기에 잘 사는 세균, 조류, 효모들을 먹으며, 하루에 보통 세균 5,000여 마리를 잡아먹는다. 그래서 실험실에서는 짚신 삼는 짚을 푹 삶아 그 국물에 구지렁물을 떠다 넣어 짚신벌레를 배양하여 분열·접합 등의 실험에 쓴다. 암튼 물속은 천태만상의 원생동물이 살고 있어서 먹고 먹히는 약육강식(the strong prey upon the weak)의 처절한 전투장이다. 숲이 그렇듯이 물속의 '먹이 그물(food web)'이 탄탄하면 그 생태계는 안전한 것이요, 이렇듯 하찮은 세균이나 짚신벌레들도 수중 생태계의 건강에 귀하고 필요한 것. 하여, '어머니 자연'보다 더 위대한 예술가는 없다고 한다. 고얀 지고, 몹쓸 놈의 망나니 인간들이 지구를 다 멍들게 해 놨으니…….

어떤가, 이런 잡스런(?) 글을 읽으면서 정말이지 되도록이면 현미경이 하나 있었으면 좋겠다는 생각이 들지 않는가? 한 푼 두 푼 저축하여 현미경 한 대를 집에다 구비해 두자. 실험 기구를 파는 곳에 들러 현미경 값을 알아보면, 비싼 장난감보다 값이 싸다. 옳거니, 될성부른 나무는 떡잎부터 알아본다고 서양의 이름난 과학자들은 하나같이 어린 시절에 자기 개인 실험실을 집에 가졌다고 한다. '서럽도록 아름답다.'는 미시(micro-world)의 세계를 골똘히 살펴보는 흥분과 감동, 설렘, 재미라니!

재주 많은
쥐

子(자, 쥐), 丑(축, 소), 寅(인, 호랑이), 卯(묘, 토끼) …… 戌(술, 개), 亥(해, 돼지)의
십이지 중에서도 쥐가 제일 먼저 나온다. 쥐는 근면한 동물이요, 재물,
풍요의 상징으로 치기에 쥐띠는 잘산다고 한다. 쥐는 무엇보다 남다른
왕성한 번식력을 지닌 다산하는 동물로, 세계적으로 220속(屬), 1,800
여 종(種)이나 된다. 포유류의 약 3분의 1을 차지하고, 그 중에서 사람
다음으로 성공한 놈이라 살지 않는 곳이 없으며(남북극을 제외하고) 개체
수도 엄청나다. 어림짐작으로 영국만 해도 한 사람당 집쥐 1.3마리, 몰
라 그렇지 뉴욕에는 많으면 총 1억 마리가 될 것으로 추산한다. 집쥐가
사람보다 많다!

가지 많은 나무 바람 잘 날 없다지만, 그래도 자식 많은 집안이나 나
라가 창성(昌盛)한다. 중국과 인도를 보라. 우글우글 천덕꾸러기로 여겼

던 씨알들이 곧 국력이렷다! 케케묵은 내가, 수업 시간엔 언제나, '아들 딸 구별 말고 다섯에서 일곱!' 하고 성가시게 외쳤으니, 남학생들은 비 시시 웃는데 여학생들은 놀라 나자빠지면서 나를 짐승으로 취급하였 지. 기어이 이렇게 될 줄 알고, 적어도 셋은 낳아야 한다고 평생을 애써 강조해 왔는데…….

쥐는 분류학적으로 포유강(哺乳綱), 설치목(齧齒目, 쥐목), 쥣과(科)에 들 고 흔히 설치류(rodent)라 하는데, 우리나라 쥣과에는 집쥐(시궁쥐), 곰쥐, 등줄쥐, 생쥐 등 6종이 있다 한다. 여기서 '설치(齧齒)'라는 말은 '갉는 이빨'이란 뜻이며, 끌 모양의 앞니 한 쌍이 아래위로 나 있으며 그것이 끊임없이 자라는지라 줄어들게 하느라고 뻔질나게 딱딱한 나무나 전 선을 박박 쓸고 갉아 댄다. 딱딱하고 야문 곡식이나 열매, 나무줄기 따 위를 먹기에 이빨이 계속 자라지 않으면 닳아빠져 꼼짝없이 몽당 이빨 이 되기 일쑤다. 그 또한 너무 길어도, 짧아도 탈이군.

사람이 그렇듯 쥐도 먹성 좋은 잡식성 동물이라 성공한 것. 쥐는 곡 식, 메뚜기는 물론이고 배가 고프면 서슴없이 동족 살생(genocide)도 한 다. 종류에 따라 다르지만 보통 한배에 6~7마리를 낳고, 6주 후면 젖 을 떼고, 그것들이 한두 달 후면 너끈히 새끼를 밴다니 말 그대로 기하 급수로 늘어난다. 터무니없이 많은 그 쥐의 95퍼센트는 포식자인 고양 이, 올빼미, 부엉이들에 다 먹히고 일정한 수만 머물게 된다. 쥐가 없었 다면 생태계 고리가 어떻게 되었겠는가? 암컷은 새끼를 건사하기 위한 5쌍의 젖꼭지를 가지며 수컷은 그것이 없다. 보통 때는 네 다리로 몸을 지탱하지만 먹이를 먹거나 싸울 때는 캥거루가 그렇듯이 앞다리는 들고 뒷다리를 꼬리가 받쳐 주어 선다. 놈들은 뜀뛰기와 기어오르기는 물론이고 물에서 헤엄도 잘 친다.

흔히 '쥐꼬리만 한 월급'이라고들 하는데 틀린 말이다. 보통 몸길이와 꼬리 길이가 거의 맞먹기에 결코 쥐꼬리를 작다고 할 수 없으며, 쥐가 꺼림칙하고 언짢게 느껴지는 것은 긴 꼬리 탓일 듯. 어쨌거나 쥐꼬리는 높은 곳을 감고 오른다거나 몸의 균형을 잡는 데 쓴다. 해 질 녘에 이쪽 바지랑대에서 저쪽 끝으로 사뿐히 빨랫줄을 타고 쪼르르 내달리는 재주꾼 쥐!

쥐는 사람이 들을 수 있는 '찍 찍 찍' 하는 소리를 내지만 박쥐처럼 초음파 소리(chirping)도 내며, 사람들은 그 소리를 흉내 내어 모기를 쫓는 데 쓴다. 심장 박동수가 1분에 300~400회, 숨쉬기는 1분에 100회나 되어 우리는 따라하지도 못한다. 그리고 소싯적에, 어둑해진다 싶으면 밭은 쥐 오줌이 번져 누렇게 얼룩진, 종이로 도배한 시골집 천장에 우르르 들썩들썩, 녀석들이 시끌벅적 몰려다니니 도떼기시장이 따로 없다. 말도 마소, 놈들에게 부대끼다가 그만 부아가 돋아 담뱃대로 천장을 꽝꽝 쳐서 쫓아 보지만 잠시 기척 없이 잠잠하다가는 금세 또 나댄다. 놈들이 밝은 빛은 말할 것 없고 적외선과 자외선을 꺼리는 것을 알기에 마지못해 천장에 유리 판때기까지 대 보기도 하지만 부질없는 일, 어쩔 수 없이 '서생원 님' 하고 달랠 뿐이다. 갓 발정한 암놈 뒤를 좇아 기를 쓰고 여러 수컷들이 서로 차지하겠다고 그렇게 안달하고 발버

둥 친다. '번식이 삶의 목적'인 까닭에 생물치고 그렇지 않은 것이 없도다! 그런데 큰 상자 안에 암놈을 여러 마리를 함께 두면 발정할 기미를 보이지 않지만 수놈의 노릿한 역겨운(?) 오줌 지린내를 맡으면 비로소 72시간 안에 소식이 온다 하니, 눈물이나 오줌에도 페로몬이 들었다고 한다.

하찮은 녀석들이 광의 흙벽을 무시로 뚫고 들어가 곡식을 축내고, 다락방에 숨어들어 솜이불에 새끼 낳고 오줌똥을 깔겨 놓으니 달갑잖은 밉상스런 쥐새끼들이다. 옛날에는 쥐구멍을 밤송이로 틀어막곤 했는데 시멘트로 바른 다음엔 쥐들도 황당했을 터다! 쥐들은 몸을 서로 맞대고 함께 자며 개처럼 힘센 놈과 약한 놈이 순위/계급(hierarchy)이 있으며, 싸움 놀이(play fight)를 하면서 힘자랑을 한다. 물은 입을 축일 정도로 먹는 수도 있지만 먹이에 든 수분으로 충분하고, 토끼처럼 자기 똥을 자꾸 주워 먹어 세균이 분해한 양분을 이용한다.

쥐 털은 보통 검거나 회색을 내는데 별나게 하얀 놈도 있으니 흰쥐다. 멜라닌을 만드는 유전 인자가 돌연변이로 없어진 놈을 실험 쥐로 많이 쓴다. 그리고 일부일처(一夫一妻, monogamy)인 미국들쥐(*Microtus ochrogaster*)의 교미 시간이 다른 쥐보다 훨씬 길다고 하는데, 퍽이나 긴 시간의 성적 행동은 암수의 사회적 결합력(social bond)을 강하게 만든다고 한다. 하여, 인간 살이에서도 육정(肉情)을 경시/무시할 수가 없다는 것일 터! 쥐라는 놈이 부부의 의미를 여러모로 생각해 보게 하는구나.

대표적인 쥣과(Muridae)의 4종의 특징을 간단히 알아본다.

첫째, 집쥐(*Rattus norvegicus*, brown rat, common rat). 집쥐는 쥐속(*Rattus*)에 들며, 가장 흔한 종으로 '시궁쥐', '노르웨이쥐', '갈색쥐'라고도 한다. 중국이나 몽골에서 생겨나 널리 퍼졌다는데, 전 세계에서 사람이 사는 곳이면 어디나 토박이로 판친다. 몸길이 22~26센티미터, 꼬리 길이 17~20센티미터로 꼬리는 몸길이보다 짧다. 집, 창고, 하수구 및 인가 근처의 경작지에 살면서 사람에 의존하여 생활한다.

둘째, 곰쥐(*Rattus rattus*, black rat). 곰쥐 역시 쥐속에 속하며 몸길이 13~19센티미터, 꼬리 길이 16~20센티미터, 귀 길이 1.9~2.4센티미터로 겉모습은 집쥐와 비슷하지만 몸집이 작고 꼬리는 몸길이보다 길다. 주로 항만 도시의 주택가에 살며 티푸스(typhus) 등 여러 가지 병원균(pathogens)을 옮긴다.

셋째, 등줄쥐(*Apodemus agrarius*, black-striped field mouse). 등줄쥐는 붉은쥐속(*Apodemus*)에 들며 몸길이 7~12센티미터, 꼬리 길이 5.2~9.6센티미터이며, 등은 적갈색이고 배는 회백색이다. 눈에 띄게 굵고 검은 줄 하나가 앞머리에서 등줄기를 따라 꼬리 밑동까지 이어져 있는 것이 특징이다. 게다가 들판에 주로 살기에 'black-striped field mouse'라는 이름이 딱 어울린다. 물가, 논밭, 갈대밭에 살며 간간이 유행성 출혈이나 패혈증(敗血症)을 일으키는 동물로 알려져 있다.

넷째, 생쥐(*Mus musculus*, house mouse). 생쥐는 생쥐속(*Mus*)에 들며 5아종(亞種)이 있다. 몸길이 6~10센티미터, 꼬리 길이는 몸길이와 거의 같으며 말 그대로 쥐 중에서 가장 작다.

유전자가 사람과 닮은 점이 많고 다루기(키우기) 쉬우며, 번식 속도가 빠른 탓에 생쥐는 실험실 연구용으로 끝내주는 동물이다! 여러 아종을 교배시켜 털색이 회색, 검은색, 흰색이며, 생쥐의 게놈(genome) 분석을 끝냈으니 유전자가 2만 3786개인데 사람의 것은 2만 3686개로 그 수까지 아주 비슷하다. 거듭 말하지만 생쥐를 일부러 돌연변이를 일으켜서 임상 실험에 쓰니, 당뇨병에 걸린 놈, 엄청난 재생력을 가진 것, 털이 없는 놈, 면역력이 없는 쥐, 생장 호르몬 유전자를 집어넣은 엄청나게 큰 쥐 등이 있다. 익살스런 미키마우스와 손 안에 노는 컴퓨터 마우스도 생쥐가 아닌가!

쥐 이야기를 하다 보니 생뚱맞게도 엄마가 가위질하여 싹둑싹둑 내 머리카락 잘라 주던 어린 옛날이 문득 생각난다. 하나도 '쥐 뜯어 먹은 것' 같지 않게, 맨둥맨둥하게 까까머리 깎아 주셨던 어머니. 저승에 계시지만 내 가슴에 지금껏 늘 살아 계시는 어머니시다!

해님의 꽃,
해바라기

씨뿌리기가 다 그렇듯이 해바라기를 심을 적에도 보통 한 구덕에 세 낱의 씨를 심는다. 하나는 하늘(새)이, 또 하나는 땅(벌레)이 먹고, 나머지 하나는 내가 먹겠다는 것이니 농부의 배려하는 너그러운 마음이 심어져 있다 하겠다. 저 한 톨의 씨앗에 우람한 해바라기가 숨어 있다니! 아마도 달게 심은 뜻은 총중에 될성부른 놈 하나를 세워 두고 모두 뽑아 버리겠다는 것이렷다! 떡 벌어진 떡잎 2장이 아침저녁이 다르게 쑥쑥 자란다. 장대(壯大)한 대궁이가 사람의 키를 훌쩍 넘겨 3미터나 자라는 '몸짱'이고, 이파리는 마디마다 하나씩 엇나니 이를 '어긋나기' 또는 '호생(互生, alternate)'이라 한다. 잎자루(엽병, 葉柄)가 길며 잎은 달걀 모양이고 가장자리에 톱니(거치)가 나 있다. 잎이나 줄기에는 굵은 털이 부숭부숭 나 있어 벌레들이 조매(여간해서) 끼지 못하고, 건땅에다 해바른 양지에서 잘 자란다. 갑자기 소나기나 한줄기 하는 날에는 커다란 잎 하나를 뚝 꺾어서 머리에 얹는다. 우산이 따로 없다.

그리스 신화에 등장하는 바다의 신 포세이돈(Poseidon)에게는 님프(Nymph)인 두 딸이 있었는데 이 자매는 늘 밤에만 밖에 나가 놀았다고 한다. 그러던 어느 날, 해가 뜨는 줄도 모르고 신 나게 놀다가 그만 태양의 신 아폴론(Apollon)과 맞닥뜨리게 되었다. 자매는 아폴론에게 마음을 빼앗기고 말았는데 동생 또한 아폴론을 좋아한다는 사실을 눈치 챈 언니가 아폴론을 독차지하기 위해 "동생이 해가 뜨도록 놀았다."고 아버지에게 일러바쳤다. 언니는 아폴론이 자신을 바라봐 주기를 바라면서 땡볕에 조아리고 있었으나 그녀의 욕심을 알아챈 아폴론은 좀체 거들떠보지도 않았다. 아폴론을 애타게 기다리던 언니 님프는 그 자리에서 그대로 해바라기가 되었다고 한다. 믿거나 말거나, '해님의 꽃'은 그렇게 생겨난 것이란다.

해바라기(Helianthus annuus)는 중앙아메리카 원산이며, 속명 Helianthus의 Heli는 '태양', anthus는 '꽃', 종명인 annuus는 '태양의 둘레'란 뜻으로, '태양 닮은 꽃' 즉, 'sunflower'라 부르게 되었고, 우리는 '해바라기' 또는 '향일화(向日花)'라 한다. 바야흐로 9월 초면 여기저기에 함박 웃어 제치는 '얼짱' 해바라기 꽃이 온 사방 널려 있다. 꽃도 익어 가면서 밖에서 안으로 피어 들고, 한 줄기에서도 저마다 가장 꼭대기의 것이 먼저 피고 크다. 이 또한 줄기 끝 쪽에 있는 눈(芽)이나 꽃이 가장 무성하다는 정단 우성(頂端優性)이다.

해바라기는 국화과(科)(Asteraceae)로 그 꽃 모양이 머리를 닮았다 하여 두상화(頭狀花, flower head)라 일컫는다. 어떤 것은 큰 쟁반만 한 것이 꽃송이 지름이 30센티미터가 넘으며, 가장자리에 샛노란 혓바닥 닮은 화려한 꽃잎이 40여 개가 둘러 나 있으니 그것을 설상화(舌狀花, ray flower)라 한다. 곱고 아름답지만 외려 수술과 암술이 퇴화하여 씨를 맺지 못하는 불임성(不稔性)으로 중성화(中性花, neuter flower) 또는 무성화(無性花)라 부른다. 한데, 꽃송이는 둥그렇게 봉긋 솟아 있는 원반 모양을 하며 영 꼴같잖고 볼품없는 자잘한 꽃이 한가득 나 있으니 이것이 꽃술(암술 수술)이 있어 씨를 맺는 양성화(兩性花)로 관상화(管狀花, tubiflorous, florets)라 한다. 예쁜 꽃은 불임성이나 못생긴 것들은 임성(稔性)으로 종자를 만들어 낸다! 보상 작용일까? 그렇다. 오히려 너무 웃자란 식물도 개화 결실이 좋지 않은 법이요, 살찐 우마(牛馬)가 새끼 치송을 제대로 못한다. 그렇다면 과연 해바라기는 몇 개의 꽃, 즉 여문 씨앗을 머리에 이고 있을까? 꽃(씨앗) 수를 나중에 한번 헤아려 보시라.

이탈리아 수학자 레오나르도 피보나치(Leonardo Fibonacci)가 밝혀낸 '피보나치수열(Fibonacci sequence)'이라는 것이 있으니 여기서 수학과 생물학이 만난다! 첫 번째 항의 값이 0이고 두 번째 항의 값이 1일 때, 이후의 항들은 이전의 두 항을 더한 값으로 이루어지는 수열(數列)을 말한다. 다시 말해서 인접한 두 수의 합이 그 다음 수가 되는 0, 1, 1, 2, 3, 5, 8, 13, 21, 34, 55, 89, 144…인 수열이며, 묘하게도 자연계에서 많은 생물의 구조가 이를 따르는 것으로 알려져 있다. 예를 들어 솔방울을 살펴보면, 같은 비늘 조각이 오른쪽 나선(螺旋, spirals)과 왼쪽 나선을 이루며 교차하는데, 그 나선의 수는 각각 8개와 13개로 되어 있다(작은 것은 5개와 8개). 5와 8, 8과 13은 피보나치수열에서 서로 이웃하는 항이다. 또한 앵무조개의 껍데기의 구조도 황금 분할의 비(golden ratio)를 잘 보여 준다. 그리고 거의 모든 꽃들의 꽃잎도 피보나치수열을 따르고 있다. 백합은 꽃잎이 3장, 살구, 복숭아 등은 5장, 모란, 수련은 대개 8장, 금잔화는 13장, 애스터는 21장이고 데이지 꽃은 거의가 35장의 꽃잎을 갖는다.

올망졸망 도사리고 있는 해바라기 관상화들을 유심히 보면, '관 꽃'들이 비스듬히 서로 엇갈리는 2개의 나선 모양으로 배열되어 있다. 하나는 34개의 꽃이 시계 방향(오른쪽)으로 줄줄이 맴돌고 다른 하나는 55개가 시계 반대 방향(왼쪽)으로 회전한다(큰 해바라기에서는 89:144). 이제 해바라기 꽃·씨앗이 몇 개인지를 쉽게 헤아리게 되었다. 과연 몇 개인가? 이렇듯 황금 분할(黃金分割)의 비(比)는 자연계의 가장 안정된 상태를 나타내는 것으로, 일정한 부피에 솔방울 비늘(솔 씨가 하나씩 듦)이나 해바라기의 씨를 가장 많이 담을 수 있음을 알 수 있다(This pattern produces the most efficient packing of seeds within the pine cone and the flower head). 아하, 그것들이 뒤죽박죽, 아무렇게나 틀어박혀 있는 것이 아니었구나!

그러면 왜 바깥 언저리에 씨도 맺지 못하는 머저리 '혀 꽃'들이 군이 나 있는 것일까? 양성화의 꽃들은 작고 꼴같잖게 긴가민가해서 봉접(蜂蝶)들이 얼씬거리지 않고 지나치기 일쑤다. 그래서 그렇게 둘레에 그

럴싸한 꽃을 피워(속임수를 써서) 불러들일 요량이다! 이런 엉터리 불임인 꽃을 달고 있는 것이 어디 해바라기뿐일라고. 코스모스(살살이꽃) 등 국화과 식물은 다 그렇다! 해바라기 꽃을 마냥 아리땁게 쳐다만 보는 것보다 이런 자연의 내력/비밀을 알고 보면 비로소 그것들이 선뜻 돋보이지 않을까. 이것이 '앎의 힘'이다. 어느 시인이 한 말이다. 푸나무들도 이름을 불러 주면 금세 뿌리째 확 뽑혀 우리에게 막 달려온다고.

그럼 살살이꽃의 바깥 설상화는 몇 장일까? 의외로 정답을 아는 사람이 적다. 그것은 평소에 '마음(心)'을 갖지 않고 본 탓이다. 마음에 없으면 봐도 보이지 않고 들어도 들리지 않는 법이다(心不在 視而不見 聽而不聞). 외떡잎식물(잎이 나란히맥)은 꽃잎이 3의 배수고, 쌍떡잎식물(그물맥)은 4와 5의 배수라고 했다. 코스모스는 분명히 쌍떡잎식물로 그물맥이다. 몇 장일까?

다시 해바라기로 돌아오자. 해바라기의 어린 꽃은 낮에는 해 따라 동에서 서로 고개를 틀어 따라간다(어릴 때 일어나는 것이며 성숙하면 이런 현상이 멈춤). 그렇게 연해서 매일 기를 쓰고 온종일 오락가락한다. 꽃송이 바로 아래에 수축성이 있는 불룩한 엽침(葉枕, pulvinus) 부위에 특수 세포(motor cells)가 있어서 이것이 빛(청색이 주로 작용함)을 받으면 주변 조직에 칼륨 이온(K⁺)을 집어넣어 팽압을 바꾸므로 낮엔 엽침이 굽어지거나 꼬이고, 밤엔 펴지고 도리어 꼬이면서 180도로 꼬박꼬박 왔다 갔다 움직인다. 그런데 밤에는 꽃이 아무 방향으로 있다가 새벽녘에 도로 정동으로 얼굴을 되돌린다고 하고, 해바라기 잎이 햇빛 쪽으로 향하는 것은 다른 식물과 다르지 않다 한다.

해바라기의 향일성은 일종의 일주성(日週性, circadian motion) 리듬 (rhythm)이다. 일주성 리듬이란 매일 정해진 시간에 주기적으로 일어나는 반응을 말하고, 밤이면 잎을 오그려 버리는 미모사의 수면 운동 같은 것도 여기에 든다. 새벽녘 정해진 시간에 장닭이 홰를 치며 울어 제친다거나, 사람이 새벽잠에 곯아 떨어졌다가도 눈곱만큼도 틀리지 않고 아침 제시간에 벌떡 눈이 뜨이는 것도 마찬가지다. 일주성 리듬이 일어나는 것은 생체 시계 때문으로 본다. 한 생물이 갖는 유전자가 시계 단백질을 만들어 내고 그것이 시계 바늘을 일정하게 돌아가게 한다는 것이다. 아무튼 해바라기도 세포 안에 생물 시계가 들어 있어서 '하루 운동'을 지배한다. 그러므로 해바라기의 일주 현상에는 무엇보다 태양이 중요한 요인일뿐더러 유전자(DNA)가 관여하는 생물(생체) 시계라는 것도 연관이 있다. 태양과 수직 맞섬(90도로 마주 봄)을 하므로 광합성을 극대화할 수 있고, 몸이 데워져서 벌, 나비를 더 많이 날아들게 꼬드김을 한다. 참 신통한 일이다.

해바라기하면 빈센트 반 고흐(Vincent van Gogh)를 떠올리지 않을 수 없다. 그는 햇빛이 자글자글 끓는 프랑스 남부 아를(Arles) 지방에서 여러 점의 눈부신 해바라기 작품을 남겼으니 해바라기는 곧 고흐의 대명사이자 상징처럼 되었다. 그리고 세계적으로 60가지가 넘는 해바라기 종류 중에서 '돼지감자'라는 것이 있으니 우리도 옛날엔 그것을 캐 먹었고 요새는 건강식품이라 하여 인기를 끈다. 그런데 말이지 꽃·줄기·

잎을 보면 해바라기를 영판 고대로 닮았건만 녀석이 씨를 맺지 않고 정작 땅속에다 엉뚱하게도 감자 닮은 덩이줄기(괴근, 塊根, tuberous root)를 한가득 만들어 놓고 있으니 사람들은 '뚱딴지'란 별명을 붙였다. 돼지감자의 다른 이름 뚱딴지!

우리는 해바라기를 모양으로 심어 관상하는 것이 고작이지만 여러 나라에선 일부러 넘치게 심어서 이파리는 사료로 쓰고 샛노란 꽃에서는 염료를 뽑고 씨앗은 기름을 짠다. 어디 나만 좋다고 쫄쫄 따라다니는 투박하고 우직한 뚱딴지같은 '해바라기 애인' 하나 있었으면 좋으련만……. 늙다리 영감·할매도 애심(愛心)은 늙지 않는 말! 남자는 마음으로 늙고 여자는 얼굴로 늙는다고 하던가.

언제나 푸르른
소나무

소나무는 이파리가 2개씩 묶어 나는 것이 대부분인데, 이것이 우리나라의 재래종 소나무 육송(陸松)이다. 연년세세(年年歲歲) 우리와 같이 살아온 그 소나무이다. 자리를 잘 잡은 놈은 길길이 자라 낙락장송(落落長松)이 되지만, 그렇지 못한 것은 땅딸보 왜송(矮松)으로 남는다. 그러나 낙락장송이나 왜송이나 다 똑같은 종(種)이다.

이와 달리 잎이 짧고 뻣뻣하여 거칠어 보이는 것이 있는데 그 나무의 잎을 따 보면 잎이 3개씩 묶어 나 있다. 이 소나무는 리기다소나무로 북아메리카가 원산지이며 병해충에 강하다고 하여 일부러 들여와 심은 것이다. 마지막으로 우리를 기다리는 소나무가 있으니, 이파리가 유달리 푸르러 보이고 잎이 통통하고 긴 잣나무이다. 잎을 잘 관찰해 보니 한 통에 잎이 5개나 모여 있지 않은가. 5형제가 한 묶음 속에 가지런히 들어 있어서 다른 말로 오엽송(伍葉松)이라고 부른다.

소나무면 다 소나무인 줄 알았는데 잎부터 이렇게 다르니 이것이 자연의 비밀이 아니고 뭐란 말인가! 알고 보면 우리나라만큼 소나무가 많은 나라도 없다. 예로부터 소나무를 귀하게 여겨 다른 잡목(雜木)을 골라 베어 냈기 때문에 그런 것이다. 소나무가 많은 만큼 그 용도도 다양하다. 우리 조상들은 솔방울은 물론이고 마른 솔가지 삭정이와 늙어 떨어진 솔잎은 긁어다 땔감으로 썼고, 밑둥치는 잘라다 패서 주로 군불을 때는 데 썼다. 솔가리 태우는 냄새는 막 볶아 낸 커피 냄새 같다고 했던가.

그뿐인가. 옹이 진 관솔 가지는 꺾어서 불쏘시개로 썼고, 송홧가루로는 떡을 만들었으며, 속껍질 송기(松肌)를 벗겨 말려 가루 내어 떡이나 밥을 지었고 송진을 껌 대신 씹었다. 더욱이 요새 와선 솔잎이 몸의 피돌기를 원활히 해 준다 하여 사람들이 솔잎즙을 짜서 음료로 만들어 팔기에 이르렀다. 그 물이 달콤하기 그지없으니 이는 설탕과 비슷한 과당이 많이 든 탓이다. 또 솔잎에는 배탈이 났을 때 좋은 타닌도 그득 들어 있다.

— 「사람과 소나무」

위의 글은 「사람과 소나무」란 제목으로, 중학교 2학년 1학기 국어 교과서에 8년간 올라 있던 필자의 글의 한 도막이다. 개인적으로 그지없이 영광스러운 일이었다고 생각한다. 어쨌거나 우리나라 사람과 소나무의 인연은 특별나다.

위 글에 "우리나라에 소나무가 많은 것은 잡목을 베어 낸 탓"이란 말이 있다. 우리나라에서 기후와 토질에 가장 알맞은 나무 종류는 신갈나무나 상수리나무 같은 참나무 무리라서 손 안 대고 두면 그것들이 온통 산을 뒤덮어 버린다. 침엽수인 소나무는 뙤약볕을 받아야 잘 사는 양수(陽樹)이지만 활엽수인 신갈나무는 빛을 적게 받아도 살아가는 음수(陰樹)다. 하여 길찬 음수 그늘에 양수가 가리게 되면 빛이 모자라 죽고 말며 최후의 승리자는 음수림(陰樹林)으로 이를 극상(極相, climax)이라 한다. 그래서 일부러 참나무를 베어 내지 않으면 소나무는 배기지 못한다. 그리고 글에서 눈에 좀 선 '리기다(rigida)소나무'라는 것이 있는데, 북아메리카 원산이다. 한때 몹쓸 놈의 '솔잎혹파리'가 우리 소나무 육송(陸松)을 못살게 굴었으니 죄다 베어 내고 이것을 대신 갖다 심었다.

또 글에 "솔가리 태우는 냄새는 막 볶아 낸 커피 냄새 같다."라고 했다. 솔가리란 우수수 말라 떨어진 솔잎을 말하고, 겨울이면 매일 뒷산에 올라 솔개비는 물론이고 대나무 갈고리로 빡빡 긁어 한 짐씩 해다 날랐으니 그것 없었으면 우린 벌써 얼어 죽었다. 아슴아슴한 옛일로 소나무가 생명의 은인이로다!

그런데 상록수인 소나무도 잎을 떨어뜨릴까? 늦가을 산에 들면 마침내 초록빛을 잃어 누렇게 물든 조락(凋落)한 솔잎들이 가득 붙어 있는 것을 본다. 제행무상(諸行無常), 영원한 것이 어디 있는가. 그런데 잘 보면 잎넓은나무(활엽수)들은 가을이 오면 그해 봄에 만들어진 잎들이 이내 떨어지는데, 소나무 같은 상록수는 올해 것은 겨우내 그대로 달라붙어 있고 지난해 생긴 2살짜리들이 떨어진다. 소나무나 다른 상록수들은 그래서 1년 내내 푸르디푸른 것이렷다!

'송기(松肌)'라는 단어는 정말 입에 담기도 싫다. 이른 봄 소나무 우듬지에 물이 오르기 시작하면 곧게 뻗은 지난해 줄기를 낫으로 툭툭 잘라 겉껍질을 슬슬 벗긴 다음에 입에 물고는 하모니카 불듯 양손으로 잡아당기니 속껍질이 벗겨지면서 단물이 툭툭 튄다. 그것을 긁어모아 소쿠리에 담아 말린 것이 송기요, 콩콩 찧어 가루를 내어 밥에 얹어 먹는다. 많이 먹고 나면 타닌 탓에 변비로 애를 먹는다. 잔디나 삘기 뿌리가 초근(草根)이라면 떫디떫은 송기는 목피(木皮)다. 굶음을 견디는 고래 힘줄 같은 DNA를 지닌 우리였기에 그렇게 초근목피로 허기를 때우면서 고난의 세월을 이겨 냈다.

"거목 밑에 잔솔 못 자란다."는 말은 "잘나가는 아버지 좋은 자식 두기 걸렀다."는 것과 통한다. 아무튼 숲 속에 빽빽이 들어찬 송림 아래에는 듬성듬성 어린나무 몇 그루를 제하고 도통 딴 식물이 없고, 그렇게 많은 솔 씨가 떨어졌으나 애솔이 하나도 보이지 않는다. 소나무가 뿌리에서 생장·발아 억제 물질을 뿌려 놓았기에 그렇다. 어느 식물이나 뿌리와 잎줄기에서 나름대로 다른 종에 해로운 억제 물질을 분비하니 이것을 타감 작용이라 하고, 소나무 뿌리는 갈로타닌(gallotannin)이라는 다른 식물을 못 자라게 하는 타감 물질을 뿌려 놨다.

그런데 모수(母樹)를 베어 버리면 발아 억제 물질이 없어져 버리기도 했지만, 여태껏 어미나무 그늘에 있던 솔 종자들이 땡볕을 받아 대뜸 떼거리로 거침없이 움을 틔운다(솔은 강한 햇살을 받아야 발아함). 노거수(老巨樹)는 저렇게 의연하고 넉넉한 품새를 풍기는데 어이하여 사람은 늙고 낡을수록 추레한 몰골을 하는 것일까?

그리고 푸서리(거친 땅)에 자란 소나무들을 가만히 보고 있노라면, 얼핏 또래 나무 중에 어떤 녀석은 솔방울을 주체할 수 없이 잔뜩 매달고 있다. 어쩐지 녀석 꼬락서니가 좀 추레한 것이 너저분하다. 생육 조건이 좋지 못하여 머잖아 끝내 삶을 마감해야 하는 터라 서둘러 새끼를 봐야 하기에 그 많은 송과를 메고 있다. 사람도 전쟁이 나거나 하면 자식을 많이 낳지 않던가.

소나무도 다치면 피를 흘린다. 송진이 굳어 상처 부위를 막으며, 병원균이 세포벽에 달라붙으면 상처 부위의 세포벽이 변성하면서 딱딱한 리그닌 물질을 쌓을뿐더러 파이토알렉신과 같은 항생 물질까지 만들어 내어 몸을 방어한다. 세한송백(歲寒松柏)이라, 날이 차가워진 뒤에라야 소나무와 잣나무의 꿋꿋함을 안다! '남산 위에 저 소나무'여 영원하여라!

마음의 창

단도직입적으로 물어보자. 당신의 눈알(眼球)의 크기는? 눈알 지름
은 2.4센티미터, 부피는 6.5밀리리터, 무게는 7그램이다. 사람 눈이 기
껏 이 정도면 소의 것은 얼마나 크겠는가. 눈이 큰 사람은 성품이 순박
하고 마음이 바다만큼이나 넓고, 깊고, 낮다 하더라. 사람은 생긴 대로
산다고 하던가! 분명 눈은 뇌의 일부다. 정말? 눈의 발생 과정을 보면
애초에 전뇌(前腦)에서 시작하여 안포(眼胞) → 안구(眼球) → 수정체 →
각막 순으로 형성되고, 딱딱한 두개골 앞쪽에 2개의 커다란 구멍이 뚫
려지면서 덩그러니 눈이 세상 밖을 내다본다.

그런데 형상(形象)이 없으매 눈에도 보이지 않고 그림으로 그릴 수도
없는 '마음(心)'이라는 것이 정녕 뇌에 있는 것일까 아니면 심장에 있는
것일까? 누가 뭐래도 '마음'은 뇌(머리)에 있다. 눈을 척 보면 단방에 그

185

사람의 마음을 알기에 '눈은 마음의 창(窓)'이라 부르는 것. 또한 눈은 뇌라서 눈에 그 사람의 지능(IQ)까지도 보인다. 소리(음성)나 몸매에서도 지능이 묻어 나오는데 어찌 뻔히 보이는 눈을 속일 수가 있겠는가. 그리고 눈에 건강이 들었으니 충혈이 되면 뇌가 곤한 것이다.

자꾸 저절로 눈이 가는 미(美)의 고갱이(핵)는 과연 어딘가. 몸매? 머리카락? 각선미? 엉덩이? 아니다. 그것은 모두 겉치장이고 진짜 홀리게 하는 예쁨은 틀림없이 눈(눈매)에 있다. 흔히 "눈으로 말한다."고 한다. 노인의 정감 넘치는 자비롭고 덕스러운 눈, 젖을 빠는 아기를 물끄러미 내려다보는 젖 물린 어머니의 눈, 젖을 쭉쭉 빨면서 엄마를 올려다보는 해맑은 아가의 눈망울, 사랑하는 이의 눈과 마주치는 촉촉이 물기 밴 눈……. 눈! 배우고 알겠다고 눈부시게 초롱초롱 부릅뜬 학생들의 눈매가 더할 나위 없으며, 개중에서 반작거리는 안광(眼光)/눈빛(目光)을 쏟아 내는 영롱한 눈이 어여쁘기 짝이 없다. 눈을 보면 그 사람의 마음, 지능, 건강, 독서량이 보인다! 그러나 세상을 집어 삼킬 듯 독살스런 눈매, 겯기 인 질시의 눈, 낫 놓고 'ㄱ' 자를 모르는 까막눈 따위는 이야기하지 말자. 어쨌거나 부모를 공경하지 않는 사람의 눈은 까마귀가 쪼아 댄다고 한다!

눈은 도전(challenging)을 위한 도구요, 무기라 회담장의 수상이나 대통령끼리도 매서운 눈싸움에 불꽃이 튄다. 그때 주눅 들면 회담은 끝장난 것이렷다. 엉뚱하게도 젊은 사람들이 길 가다가도 서로 눈을 흘기거나 앙칼진 '도끼눈'으로 매섭게 쏘아본다고 막무가내로 거친 싸움질을 한다. 이렇게 노려보는 것은 제각각의 눈에 3쌍의 동이근(動耳筋)이 조화롭게 수축·이완하는 탓이며, 이를테면 그중 하나가 약하거나 세면 눈알이 엇갈리는 사시(斜視, crossed eyes)가 된다. '뱀 눈'이 무서운 것은 눈알을 꼼짝하지 않는 탓이다.

사람은 자극의 90퍼센트 이상을 얼추 눈이 받아 처리하지만 개나 쥐는 코(후각)나 귀(청각)에 의존한다. 사람의 눈은 원래는 머루다래 따고, 돼지감자 파고, 노루몰이를 위한 것이었다. 하여 책을 많이 읽은 학생들이 안경을 쓰는 것이다. 그리고 여성들은 원래 집 가까운 곳에서 나무 열매나 곡식을 모우는 것(gathering)이 본업이었다면 남자는 모름지기 멀리 가 동물을 잡아 오는 사냥꾼(hunter)이었다. 그래서 여자는 길(道)눈이 어둡고 남자는 냉장고의 음식을 찾는 데 서툴다고 하는 것이다.

누군들 예뻐지고 싶지 않겠는가. 거울 앞에 앉은 한 여인이 눈 화장에 손길이 바쁘다. 눈의 제일 가운데에는 새까만 눈동자가 있고 그 둘레에 인종마다 갈색/푸른색을 띠는 홍채(紅彩, 눈조리개)가 싸고 있으며, 그 밖에는 희디흰 흰자위(공막)가 둘러싸고 있어 셋이 흑, 갈, 백색의 동심원을 그린다. 그만 해도 예쁜데 그 바깥에다 여러 색깔의 아이섀도를 칠하니 눈알이 더욱 또렷하게 돋보인다. 안타깝지만 아무리 야단법석을 해도 눈동자의 광채가 찬란하지 않으면 '얼꽝'일 뿐이다.

그러니 눈동자(동공, 瞳孔)야말로 정녕 '마음의 창'인 셈이다. 동공을 영어로는 학생이란 뜻인 'pupil'이라 하며, 동공의 지름은 보통 4밀리미터이지만 아주 밝은 빛에서는 2밀리미터로 좁아지고 캄캄한 어둠에서는 8밀리미터까지 넓어진다. 눈동자는 인종에 관계없이 모두 검다. 그러므로 '그대 갈색 눈동자'란 말은 얼토당토않다. 망막(網膜, retina)에는 색을 구별하는 원추 세포(cone cells, 1000만 개의 색을 구별함)와 명암을 구별하는 간상세포(rod cells)가 있다. 그리고 백인들의 홍채에는 멜라닌 색소가 부족하여 푸르스름한 색을 띠기에 '푸른 눈'이라 하는데, 사실은 눈동자의 크기를 조절하는 홍채가 푸른 탓이요, 때문에 '푸른 눈'이 아니라 '푸른 홍채'가 옳다. 세상에 이 어인 일인가? 서양 사람 흉내 낸다고 푸르스름한 렌즈를 끼는 여인들이 있다네. 제발 그러지 말라. 제 것이 좋은 것! 그리고 평생 변하지 않는 홍채의 구조가 사람마다 다 달라서 보안 시스템으로 홍채 정보를 쓴다. 문득 태양이나 촛불 따위를 한참 바라본 뒤에 눈을 감아도 상이 나타나는 현상을 잔상(殘像, afterimage)이라 하는데 영화는 이 원리를 이용한 것이다.

사실 필자는 두 눈이 모두 '개눈'이다. 눈도 늙는다. 투명해야 할 수정체(렌즈)가 단백질 변성으로 혼탁해져 빛이 고루, 곧게 투과하지 못하고 흩어져 버려 안개 낀 것처럼 시야가 뿌옇다. 홍채 위를 1센티미터 정도 레이저로 자르고(현미경 하에서) 그 안에 있는 수정체를 녹여내고 인공수정체(플라스틱)를 끼워 넣으니 이것이 백내장 수술이다. 의학 발달 덕에 청맹과니(靑盲——)를 면하고 이렇게 읽고 쓰고 있으니 무엇을 더 바라겠는가.

그리고 눈꺼풀은 양서류 이상의 척추동물이 갖는 것으로 눈을 보호하고 빛을 차단하기도 한다. 그런데 인종에 따라 외꺼풀과 쌍꺼풀의 비율이 다르며 일본과 한국 사람들은 외꺼풀이 80퍼센트나 된다. 어쨌거나 많은 여성들이 쌍꺼풀 수술로 맵시를 내는데 이것도 유전하여 보통 외꺼풀이 쌍꺼풀보다 우성(優性, dominant)이다. '획득 형질(acquired characters)'은 유전하지 않는다! 무슨 말인지 이내 알아들었을 터!

게다가 눈꺼풀 바깥쪽에 큰 눈물샘(누선, 淚腺)이 있고, 2~10초 사이에 한 번씩 눈을 깜박하니(blinking, 0.3~0.4초 걸림) 이때마다 눈물샘에서는 눈물이 솟아난다. 그래서 눈알이 부드럽게 움직이고 또 각막에 묻은 먼지나 병원균을 끌어 모아서 눈곱을 만든다. 그런데 이 눈물은 단순한 0.9퍼센트의 소금물이 아니라는 것. 어디 눈물뿐인가. 우리의 침, 콧물에도 라이소자임이라는 물질이 들어 있어서 병균을 죽인다. 아무튼 우리 몸에서 눈과 손은 서로 멀리 있어야 좋다.

거울에서 양 눈의 안쪽 구석에 붉은 작은 살점이 붙어 있으니 그것은 '제3의 눈꺼풀'이라고 부르는 순막(瞬膜, nictitating membrane)으로 옛날에는 새나 악어, 상어처럼 눈 감으면 덮고 뜨면 열리고 했으나 지금은 퇴화되어 흔적만 남았다. 아래 눈꺼풀을 밖(앞)으로 살짝 뒤집어(감아) 구석 자리를 보라. 이렇듯 작은 구멍이 뚫려 있으니 눈물관(누관, 淚管)이다. 눈알에 넘치는 눈물은 그 구멍을 타고 들어가 비루관(鼻淚管)을 타고 코로 흘러간다. 늙으면 이 누관이나 비루관도 막혀 버려 얼굴로 흘러넘친다.

우리 눈은 가까스로 0.1밀리미터까지 보니, 그것을 눈의 해상력(解像力, resolving power)이라 하며 그것이 우리 맨눈의 한계다. 눈이 현미경처럼 아주 좋아 공중의 먼지가 100배로 보였다면? 냉면 사리 한 가닥이 동아줄만 했다면? 필자가 좋아하는 말이 과유불급, 넘치는 것은 모자람만 못하다.

철딱서니 없는 유치한(childlike) 마음을 가져야 세상을 제대로 본다. 어린이는 호기심(好奇心) 덩어리요, 동심(童心)은 시심(詩心)이요, 시심은 곧 과학심(科學心)인 것. 어린이는 과학자다! 젊은이들이여, 6살 아래의 어린이와 70살 넘은 노인을 친구 삼을지어다. 늙어도 철딱서니 없이 어린 마음을 잃지 않는 사람이나 총명한 노인이 엄청 건강하게 한생을 산다고 하니……. 웃으면 복(건강)이 온다 하였다. 아양과 애교 깃든 미소(媚笑)나 소리 없이 웃는 미소(微笑)도 있지만 눈으로 가만히 웃는 눈웃음(目笑)만 한 것이 없다. 웃자, 눈이 웃는 세상 즐거운 세상!

겨울

농익은
김치의 과학

"풋내 나는 겉절이 인생이 아닌 농익은 김치 인생을 살아라. 그런데 김치가 제맛을 내려면 배추가 5번 죽어야 한다. 배추가 땅에서 뽑힐 때 한 번 죽고, 통배추의 배가 갈라지면서 또 한 번 죽고, 소금에 절여지면서 다시 죽고, 매운 고춧가루와 짠 젓갈에 범벅이 돼서 또 죽고, 마지막으로 장독에 담겨 땅에 묻혀 다시 한 번 죽어야 비로소 제대로 된 김치 맛을 낸다. 그 깊은 맛을 전하는 푹 익은 인생을 살아라. 그러기 위해 오늘도 성질, 고집, 편견을 죽이면서 살아야 한다." 이것은 황소 고집통 분들에게 당부하는 글이다.

여태 후텁지근한 여름기가 감도는 8월 초순경에, 텃밭에다 무와 배추를 심었더니 하루가 다르게 무럭무럭 자라 어느새 김장감이 되더라. 참 장하다! 통배추엔 샛노란 고갱이가 그득 차고, 무는 미끈한 게 장딴지만큼 컸으니! 바로 옆에는 나중에 김치 만들 때 친구가 될 고추가 연신 익어 가고 있다. 햇볕에 바짝 말리고 곱게 빻으면 매콤하니 맛있는 고춧가루가 될 거다. 잎사귀에다 나비와 나방이가 하도 알을 슬어 대 농부는 애벌레 녀석들 잡느라 곱사등이가 되었지. 새끼들! 농약을 확 뿌려 버리고 싶었지만……. 우리가 먹는 곡식과 채소, 과일엔 농부의 뼈 아픔이 배어 있는 것. 스님들은 한 톨의 알곡을 사리골(舍利骨)로 여긴다고 하지 않는가. 자고로 음식의 고마움을 모르면 천벌을 받는다.

농사를 지으면서 밑에는 무가, 위에는 배추가 떡하니 자라는 상상의 채소를 꿈꾼다. 밑에는 감자가 열리고 위에는 토마토가 대롱대롱 달리는 그런 식물처럼 말이지. 아무래도 자연의 섭리를 벗어나는 일이라 마음이 꺼림칙하지만. 그런데 무를 심는 뜻이 두 가지가 있다는 것을 독자들도 알 것이다. 그렇다. 무도 먹고 무청도 먹겠다는 것이다. 늦가을 서리 내릴 무렵 무 머리에서 자른 퉁퉁하고 때깔 좋은 푸른 무청을 새끼로 엮어 그늘에 널어 말린 것이 시래기다. 시래기는 소죽 삶듯이 오래 푹 삶아 물에 우렸다가 시래기나물, 시래기찌개, 시래깃국 등 여러 반찬을 만들어 먹는다. 그중에서도 시래깃국은 시래기에 쌀뜨물과 된장을 걸러 붓고 통 멸치를 넣어 끓인 국이다. 국에다 밥을 통째로 말고 익은 김치를 턱턱 걸쳐 먹었으니, 먹을 것이란 사실 그것이 모두였다.

김장은 '침장(沈藏)'에서 유래했다 하고, 김치도 침채(沈菜)에서 나왔는데 딤채 → 김채 → 김치로 바뀌었다고 한다. 김치는 누가 뭐래도 우리 고유의 음식이다. 금강초롱이나 열목어는 우리나라에만 나는 고유

종이라 하지 않는가. 말할 필요 없이 김치 발효의 주인공은 미생물로, 발효 식품에는 김치를 비롯하여 간장, 된장, 고추장, 청국장, 젓갈류, 술, 식초 등등 헤아릴 수 없이 많다. 우리에게 해를 끼치는 미생물들도 있지만 알고 보면 거의 모두 유익하다.

김칫거리는 배추나 무가 주지만 열무, 부추, 양배추, 갓, 파, 고들빼기, 씀바귀 등 70가지가 넘는다. 어디 김치를 배추 하나만으로 만드는가? 무를 숭덩숭덩 잘라 채를 치고, 마늘, 생강, 고춧가루, 소금, 간장, 식초, 설탕, 조미료 등 갖은 양념은 기본, 아미노산이 그득한 멸치젓, 어리굴젓, 새우젓에다 호두, 은행, 잣 등의 과일류는 물론, 생고기인 북어, 대구, 생태, 가자미까지 넣는다. 생선 단백질이 발효된 것이 젓갈이고, 김치에서도 그런 과정이 일어난다. 김치를 마냥 절인 푸성귀 정도로 여기지 말지어다. 여러 비타민에다 고른 영양소, 유산(젖산)까지 그득 들어 있는 종합 영양 식품인 것. 게다가 김치가 사스(SARS), 조류 독감 바이러스(AI)까지 잡는지라 세상 사람들이 홀딱 반해 난리들을 피운다. 한국인의 자존심을 이 김치에서 찾아도 좋다. 힘 줘 말하지만 김치를 먹지 않으면 한국인이 못 된다. 우리가 꿀릴 게 뭐가 그리 있는가. 몸에서 마늘, 김치 냄새 좀 나면 어때……. 쓸데없이 뻐기는 자만심을 말하는 것이 아니다. 자긍심, 자기를 아끼는 사람이라야 남도 사랑한다는 것.

이제 김장을 할 차례다. 배추에 소금을 듬뿍 뿌려 착착 포개 밤샘을 하고 나면 적당히 절여지면서 숨이 죽는다. 농도가 짙은 바깥으로 물이 빠져나오니 세포에 '원형질 분리'가 일어나는 것이다. 소금 먹은 배추를 일일이 맹물로 깨끗이 씻는다. 앞의 여러 김장거리를 매매 버무려서, 배춧잎 한 장 한 장 들쳐 사이사이에 척척 집어넣어 예쁘게 오므린 다음 독에다 차곡차곡 눌러 담는다. 대부분의 미생물은 소금에 절일 때 죽어 버리지만 염분에 잘 견디는 내염성 세균인 유산균(乳酸菌, 젖산균, lactic acid bacteria)들만 남아서 김치를 익힌다. 두말할 필요 없이 채소에 묻어 있던 미생물들이 발효의 주인공들이다. 김치를 김칫독에 넣고 김칫돌로 꼭꼭 눌러 공기를 빼낸다. 김치에 사는 유산균들은 산소가 있으면 되레 죽어 버리는 혐기성 세균이기에 산소를 다 없애 버린다. 즉, 염분에 견디면서 산소를 싫어하고, 낮은 온도를 좋아하는 유산균들만이 살아남는다. 참고로, 여행 가서 김치를 며칠 먹지 못하면 그것 생각이 무척 난다. 그럴 때는 유산균이 많이 든 요구르트를 먹으면 욕구를 덜게 된다. 김칫국에 든 젖산과 요구르트의 것이 비슷한 탓이다.

독 안의 유산균들이 천천히 번식을 하게 되니, 이게 '김치 발효'다. 그렇지 못하고 세균들이 재료를 썩힐 때 '부패'라고 한다. 채소나 양념에 든 양분을 이용하여 유산균이 번식하면서 유기산을 많이 내놓으니 이것이 침을 나오게 하고, 김치의 특유한 맛과 향을 낸다. 이때는 다른 미생물들은 힘을 못 쓰고 유산균들만 판을 치니 말 그대로 유산균 세상으로, 물론 한 종의 유산균이 아니고 여러 가지 유산균들이 득실거린다. 제행무상, 세상에 영원히 변하지 않는 것은 없는 법. 이런 상태가 얼마 지나다 보면 산도(pH)가 떨어지면서(시어지면서) 어느 순간 유산균들이 맥을 못 추고 시들시들해지는 때가 온다.

아주 잘 익은 김치에는 유익한 유산균이 99퍼센트요, 다른 세균이나 곰팡이가 1퍼센트 정도 들어 있다고 한다. 그러나 김치가 시어지면서 유산균이 점점 죽어서 줄어들고, 따라서 여태 꼼짝 못하고 숨어 지내던 곰팡이 무리(효모)들이 득세하면서 김치에서 군내가 나고 국물이 초가 되어 간다. 일종의 부패다. 그러므로 아주 시어진 묵은 김치, 묵은지(漬, 김치)에는 유산균이 다 죽고 없다.

이제는 한국 사람들의 반 정도, 아니 그 이상이 아파트에 살지 않을까? 큰 탈 났다. 겨울에 김칫독을 어디에 묻는단 말인가? 앞에서 유산균은 온도에 민감하다 했다. 그래서 온도를 낮고 일정하게 유지하여 유산균들이 죽지 않게 하는 것을 개발하였으니, 세상에 없는 '한국 고유종'인 김치냉장고다. 김칫독을 응달에 묻었을 때 겨우내 독 속의 온도가 거의 변하지 않고, 섭씨 영하 1도 근방을 유지한다는 것을 알아차리고 흉내를 낸 것이 김치냉장고라는 발명품 아닌가! 하긴 여느 발명품치고 필요의 산물 아닌 것 없고, 자연을 모방하지 않은 것 없다!

그렇다, 묵은지에 침이 동하는 것은 한국인의 특유한 김치 유전자가 발현한 탓이다. 그 유전 물질을 갖지 못한 다른 나라 사람들은 그 냄새에 코를 막고 구역질을 한다. 아무튼 이렇게 김치 하나에도 푹 익은 발효 과학이 들어 있다. 그런데 불행하게도 아직은 김치에 살고 있는 미생물을 세세히 다 알지 못하고 있다. 오묘한 미생물의 세계라, 김칫독 안의 생태를 속속들이 알지 못한다. 그것을 다 알아낸다면 그 세균들을 순수 분리하고, 잘 키워서 김치 담글 때 넣어 주면 더 맛있는 김치, 시지 않는 김치 맛을 볼 수도 있을 텐데. 김치의 비밀 하나도 제대로 밝히기 어렵다 하니 '자연에 숨어 있는 비밀'은 정말 신비롭다.

상서로운 영물,
호랑이

자못 거침없이 용맹하고 날쌘 상서(祥瑞)로운 영물(靈物), 우리 국민이
가장 우러러보는 산군자(山君子), 민화나 민담의 단골에다 88올림픽 마
스코트까지 더없이 사랑받는 산신령(山神靈), 수풀을 헤치고 나오는 벽
걸이 액자(額子)에다 건국 신화에도 등장하는 범(호랑이)은 우리의 역사
유전자와 문화 DNA에 오롯이 스며들어 있다. 옛날이야기는 으레 '호
랑이 담배 먹던 시절에'로 시작하고, "호랑이가 새끼 치겠다."라는 말
은 김을 매지 않아 논밭에 잡풀이 잔뜩 더부룩이 나 있음을 꾸짖거나
비꼬는 말이요, 미운 사람 보고 '범 물어 갈 놈'이라 욕했고, '호랑이한
테 물려 가도 정신만 차리면……' 등등 말들이 많다. '주려도 풀을 먹지
않는다'는 늠름한 호랑이 앞이마의 무늬가 '王' 자를 닮았다 하여 중
국이나 우리나라에서 '임금'을 나타내는 상징으로 썼으며, 한국, 인도,

네팔, 말레이시아 국민들은 호랑이를 '나라 동물(the national animal)'로 섬긴다.

'범'은 순수한 우리말이며 '호랑이(虎狼—)'는 호랑이 선생님, 호랑이 영감처럼 몹시 사납고 무서운 사람을 비유하여 쓴다. 어쨌거나 불입호혈부득호자(不入虎穴不得虎子)라, 호랑이 굴에 들어가지 않고는 호랑이를 잡을 수 없다. 모름지기 모험을 해야 큰일을 이룰 수 있으니 도전을 두려워 말라! 곡무호선생토(谷無虎先生兎)라, '호랑이 없는 골에 토끼가 선생님'이라고 먹이 피라미드(food pyramid)의 꼭대기를 차지했던 범·늑대 따위가 사라지고 나니 그 아랫것들인 토끼, 멧돼지, 너구리 따위가 턱없이 늘어나 말썽을 부린다. 호시우보(虎視牛步)라, 모름지기 호랑이같이 예리하게 사물을 관찰할 것이고 소같이 신중하게 행동할지어다!

때론 호환(虎患)이 두려움의 대상이었다. 그래서 쥐를 다른 말로 '서(鼠)생원'이라 했듯이 범을 구슬리느라 '밤손님'이라거나 '산 손님'으로 불렀으며, '빨치산(partisan)'을 그렇게 부르기도 했다. 이사벨라 버드 비숍(Isabella Bird Bishop)이 지은 『한국과 그 이웃 나라들』에서도 사람과 호랑이의 생활 영역(living territory)이 겹쳐 일어나는 '호랑이 재앙'이 허다하였음을 기술하고 있다. "사람이 호랑이에 의해 화를 입고, 개, 돼지, 소들이 물어 채 가며…… 마포에서 짐꾼들이 어두워진 다음에 여행하기를 거부하였으며…… 원산에 내가 도착하기 전날에 한 소년이 물려 가서 마을 뒤쪽 언덕에서 먹혔다는 이야기…… 버려진 마을이 하나 있었는데 호랑이가 사람을 계속 물어 갔기 때문이라 한다." 등등 이렇게 세상을 발칵 뒤집어 놓는 호식(虎食)·호란(虎亂)이 많았던 것이다. 옛날 서울에서도 해만 지면 사람이 문밖을 못 나갔으니 뒷산에서 내려온다는 '인왕산 호랑이' 때문이었다고 하지 않는가. 야음(夜陰)을 타고 내내 헤집고 다니면서 뻔질나게 소와 돼지를 마구 덥석덥석 물어 갔던 도둑놈 밤손님이었다!

호랑이(tiger, Panthera tigris)는 앙칼진 고양잇과(科) 포유류로 등에는 황갈색의 검은 가로무늬가 있고, 배는 흰색이며, 꼬리는 길고 검은 줄무늬가 나 있고, 대밭이나 우거진 숲에 살면서 헤엄도 잘 치는 수영 선수다. 보통 11월에서 이듬해 3월 즈음에 여러 번에 걸쳐 짝짓기를 하여 새끼는 서너 마리 낳지만 1년 안에 그중 절반은 죽는다. 새끼 보살핌은 어미 혼자서 애지중지 치다꺼리 다 하고 수놈은 거들떠보지도 않으며 되레 새끼를 느닷없이 물어 죽이는 수가 있다. 발정기에는 수컷끼리 암컷 쟁탈전을 벌여 때론 서로 죽이기까지 한다.

녀석들은 단독 생활을 하며, 수명은 야생에서 15년 정도이고(사육 종은 20여 년) 인도네시아에서 인도, 시베리아까지 아시아에 널리 분포한다. 서식지에 따라 호랑이를 9아종으로 분류하는데 애석하게도 그중에서 3종은 이미 멸종하였다고 한다. 남은 것들도 장담 못한다는 뜻일 터다. 아종이란 서식 환경에 걸맞게 형태나 크기 등이 제가끔 조금씩 달라진 일종의 생태종(生態種, ecospecies)으로 시베리아호랑이(P. t. altaica), 인도(벵골)호랑이(P. t. tigris) 같은 것들이며, 이들은 같은 종인 탓에 아종끼리 서로 교잡(交雜, interbreeding)한다.

'한국호랑이'는 바로 집채만 한, 총중에 제일 큰 '시베리아호랑이 (Siberian tiger)'이며 추운 한국, 아무르 유역, 만주, 중국 북부에 살기에 덩치가 가장 커서 체장(몸길이)은 3.5미터나 되고 암컷보다 더 큰 수놈의 평균 체중이 227킬로그램에 달하며 호피도 제일 두껍다고 한다. 지금 생각하니 우리 집 사랑방에 찌든 호랑이 가죽이 한 장 있었다.

베르크만의 법칙(Bergmann's Rule)이라는 것이 있다. 항온 동물(정온 동물)은 추운 곳에 살수록 몸집이 크고 더운 지방의 것은 작다는 것. 다시 말해서 변온 동물(냉혈 동물)은 바깥 온도(햇볕)에 따라 체온이 변하는 반면 항온 동물(조류와 포유류뿐임)은 제 몸의 열에너지를 써서 체온을 늘 일정하게 유지한다. 그러므로 추운 곳에 사는 정온 동물은 몸 밖으로 발산하는 열을 최소화해야 하고, 반대로 더운 곳에 사는 것들은 주변으로 쉽게 발산해야 한다.

열의 발산은 몸의 표면적이 좁을수록 줄고 표면적이 넓을수록 더 는다. 덩치가 커지면 부피(Volume)에 대한 표면적(Square)의 비(S/V)는 상대적으로 준다. 즉, 몸의 길이가 2배가 될 때 표면적은 4배(2^2)로 증가하는 반면에 부피는 8배(2^3)로 늘어난다. 따라서 추운 지방에 사는 조류나 포유류는 몸의 크기(부피)가 아주 커야 상대적으로 몸의 넓이가 줄어 열 손실이 적고, 더운 곳에서는 작을수록 표면적이 넓어져 열을 쉽게 내보낸다. 사람에도 이 법칙이 적용되니 북아시아인이나 북유럽인은 동남아시아인이나 남유럽인보다 몸집이 크다는 데서도 엿볼 수 있다. 그렇지 않은가?

이들은 영역(텃세) 표시 방법으로 냄새나 소리를 쓰니, 나무에다 오줌을 지리거나 항문샘(anal gland) 분비물을 깔겨 두며, '어흥!' 하고 으르렁대기(咆哮)도 한다. 그리고 말이 안 되는 엉뚱한 소리나 행동 따위를 흔히 "소(牛)가 웃을 일이다!"라 한다. 한데, 실제로 암컷의 소변 냄새를 맡은 수소가 상(얼굴)을 잔뜩 찌푸리면서 입을 쩍 벌리니 이런 반응을 '플레멘 반응(Flehmen response)'이라 하는데, 'flehmening'은 독일어로 "윗입술을 감아올린다."는 뜻이다. 이런 짓은 소나 말 같은 유제류(有蹄類, 발굽 동물)나 고양잇과의 동물들에서 흔히 볼 수 있다. 어쨌거나 노상 빙그레 웃음 지을 수 있는 동물은 사람이 유일하다. 웃는 낯에 침 뱉으랴? 소문만복래(笑門萬福來)라, 웃으면 복이 쏟아진다!

호랑이 몸에는 100여 개의 줄무늬가 있으며, 그것은 서식처의 얼룩진 그림자나 풀 줄기를 닮아서 들키지 않고 숨기(위장)에 알맞다. 살갗에도 똑같은 무늬가 져 있다는데, 눈에 불을 켜고 외진 혈로(血路)에서 꼼짝 않고 호시탐탐(虎視眈眈) 잔뜩 움츠려 엿보고 있다가 기척 없이 살금살금 다가가서 가까이 다다르면 순간 스치듯 높게 솟구쳐 덮친다(사냥 성공률은 20퍼센트에 지나지 않음). 혼비백산, 놀라 도망가는 먹잇감의 목을 힘센 턱과 날카로운 이빨로 단숨에 물고는 앞다리로 눌러 땅바닥에 엎어뜨린 다음 죽었다 싶으면 12센티미터가 넘는 뾰족하고 날 선 송곳니(canines)로 살을 갈기갈기 찢어 뜯는다.

호랑이가 더러 남아 있는 외국에서는 호랑이 살(肉)이나 뼈들이 소염 진통제나 최음제(媚藥)로 신통타 하여, 부르는 게 값이라 몰지각하게도 밀렵이 시도 때도 없이 극성을 부린다. 그런데 우리나라에서 멸종된 까닭을 왜정 시대에 호랑이를 다 잡아 그렇다는 등 갑론을박하지만, 뭐니 해도 3년 넘게 전국의 산야를 불태운 6·25 동란이 치명타가 된 듯하다. 그리고 2005년 호랑이 센서스(census)에서 아무르 지역에 아직 450~500마리가 사는 것으로 판명되었다고 하니 한국에 호랑이가 없을 따름이지 그 씨가 마르진 않았다. 숨겨 둔 이야기지만, 중국에서 4,000~5,000마리를 한약용으로 우리에 가둬 키우고 있다 한다. 그리고 다행하게도 심상치 않다고 여겨 우리나라와 다른 여러 나라에서 호랑이 되살리기에 안달하고 있다 한다. '늦다 생각할 때가 가장 이른 때'라 하였으니…….

허 참, 가뜩이나 살 날이 얼마 남지 않은 나, 호랑이 걱정할 형편이 못 되는구나. 호사유피(虎死留皮)요, 인사유명(虎死留皮 人死留名)이라 했는데, 정녕 가죽은커녕 이름 세 자도 제대로 못 남기고 훌쩍 떠나야 하게 생겼다. 이제 이걸로 끝장인가? 에이 참, 어쩌다 이 지경이 됐나.

겨울철 진미, 홍어

어딘가도 썼지만, 강과 바다는 분명 물고기들의 집이요, 고향이다. 한데, 물고기가 사는 강물을 사람들은 목을 축이거나 몸을 씻는 것으로, 신은 은총의 감로수로, 싸움 좋아하는 아수라(阿修羅)는 무기(武器)로, 아귀는 고름이나 썩은 피, 지옥인은 끓어오르는 용암으로 본단다. 아련한 기억의 조각을 모아 써 본 물의 의미다. 어느새 그 총명(?)하던 내 기억력도 망각의 벌레가 다 파먹어 버려서 손에 안경을 들고서도 안경을 찾는다. 철딱서니 없기론 예나 크게 다르지 않는데 달갑잖은 잔인한 세월의 풍화 작용으로 얼추 허섭스레기가 되고 말았다.

그건 그렇다 치고, 어류는 뼈가 딱딱한 경골어류(硬骨魚類, Osteichthyes)와 물렁한 연골어류(軟骨魚類, chondrichthyes)로 나뉘며, 그 중에 거반 경골이 차지하고(민물 것은 죄다 경골임) 일부가 연골인데, 거기에는 홍어, 가오리, 상어 무리들이 있다. 경골어류는 질소 대사물인 오줌 성분이 암모니아인데 연골어류는 엉뚱하게도 포유류(사람)처럼 요소(尿素)다. 연골어류는 갈비뼈가 없고, 뼈에 골수(bone marrow)가 없어서 지라(비장, spleen)에서 적혈구를 만들며, 살갗이 두껍고 비늘(scale)에 작은 치상 돌기(齒狀突起)가 있어 매우 거칠고, 또 아가미뚜껑(새개, 鰓蓋)이 없어서 겉으로 5~7개의 아가미가 드러나 있다. 경골어류는 아가미뚜껑을 달싹거려 입에서 아가미로 물을 흐르게 하지만 연골어류는 아가미가 있는 등 쪽으로 물을 줄곧 흐르게 하기 위해 몸을 유유히 설렁거리거나(홍어) 입을 뻐끔뻐끔 벌렁거린다(상어). 경골 무리는 체외 수정을 하지만 연골 무리는 체내 수정을 하며, 보통 물고기의 알과 치어(자어)는 나오는 족족 다 다른 물고기에게 먹혀 버리기에 알을 되우 많이 낳아야 하지만 연골어류는 어미 몸속에서 수정란이 되어 나오거나 부화하여 제법 커서 나오기에 알을 적게 낳는 것도 특징이다.

홍어목(目) 가오릿과(科)에 속하는 홍어(skate)와 가오리(ray)는 노는 물은 다르지만 막역한 사이라 생김새는 참 흡사하다. 그러나 둘을 나란히 놓고 지켜보면, 홍어는 마름모꼴 또는 연(鳶) 꼴로 주둥이 쪽이 쫑긋 튀어나온 반면 가오리는 대체로 몸이 둥그스름하면서 앞쪽 주둥이도 둥글넓적하다. 그리고 홍어는 배와 등 색깔이 암갈색으로 비슷한 데 비해, 가오리의 배는 등과는 아주 다르게 흰색을 띤다.

홍어는 몸이 아래위로 납작하다. 홍어(洪魚)라는 이름은 몸이 넓적하기에 '넓을 홍(洪)' 자가 붙었다고 한다. 눈은 위로 둘이 튀어나와 있으며 머리는 작고 주둥이는 짧으며 뾰족 나와 있다. 등 쪽은 전체적으로 어둔 갈색을 띠고 군데군데 황색의 둥근 점들이 불규칙하게 흩어져 있다. 머리에서 꼬리까지 납작/넓적한 날개 닮은 가슴지느러미가 이어져 붙었고, 아주 작은 2개의 지느러미가 짧은 회초리 꼴을 한 꼬리 양쪽에 있다. 저서 생활을 하며 작은 연체동물이나 새우, 게, 갯가재 등의 갑각류를 먹이로 한다. 난생(卵生, oviparous)을 하며 4~5개의 수정란은 예리한 가시가 난 알 주머니(mermaid's purse)에 싸여 해초에 달라붙는다.

바야흐로 "날씨가 추워지면 홍어 생각, 날씨가 따뜻하면 굴비 생각"이라는 속담에서도 알 수 있듯이 찬바람이 불기 시작하는 11~12월이 홍어 잡이 성수기며, 주로 긴 낚싯줄에 낚시를 촘촘히 매달아 물속에 늘어뜨려 고기를 잡는 '주낙'을 쓴다. 바닷속 깊이 큰 쇳덩어리를 매달아 드리우는데, 낚시는 멸치, 고등어 등의 미끼가 없는 공갈 낚시이다. 녀석들은 날개를 펄럭/움찔대며 거들먹거리다가 밑바닥에 드러누워 있는 '7' 자 모양의 바늘에 철커덕 걸린다.

그런데 수놈은 꼬리 양쪽에 하나씩 축 처져 있는 홍두깨 모양의 거치적거려 보이는 긴(큰 것은 길이가 15센티미터 이상 됨) 교미기가 있다. 어부들은 암컷보다 덩치가 작아 실속 없는 수컷이 잡히면 시큰둥하며 벼락같이 바닥에 냅다 패대기(때기)치거나 숫제 물건을 거머쥐고 칼로 몽탕 잘라 털벙 바다에 던져 버리기 일쑤다. 기분 잡쳤다는 일종의 분풀이다. 그래서 '만만한 게 홍어 X'이란 말이 생겨났고, 경매장에서도 아무짝에도 못쓸 놈으로 푸대접을 받으니, 아무도 거들떠보지 않고 나뒹굴고 있다가 홍어 새끼와 함께 꼴찌로 기껏 헐값에 팔려 나간다. 불쌍한 홍어 수놈이로다!

옛날부터 홍어를 해음어(海淫魚)라 불렀으니 홍어 암컷을 줄로 묶어 던져두면 바람둥이 수컷들이 주책없이 달려들다 암컷에 딸려 나온다. 그런데 뱀이나 홍어·가오리가 짝짓기를 하려 해도 부둥켜안을 다리도 없고 팔도 없다. 뱀이 2개의 반음경(半陰莖, hemipenes)을 암컷의 생식기에 집어넣고 양쪽으로 쫙 벌려 버려 음경이 빠지지 않듯이 한 쌍의 홍어 음경도 비슷하지 않을까 싶다. 게다가 홍두깨 닮은 것이 꺼끌꺼끌한 가시가 나 있어서 헐렁해도 일단 둘을 포개 삽입하면 잘 빠지지 않고, 더불어 날개 모양의 지느러미 끝에도 가시 돌기가 있어서 암컷을 덥석 붙들어 잡는다. 저것들이 뭘 안다고 저렇게!? 너 나 할 것 없이 모든 생물이 번식을 위해 태어났고 후손을 남기기 위해 저 신성한 짝짓기(교잡, 교미)를 한다.

원래 홍어는 옹기 항아리에 짚과 간 소금을 함께 넣고 그 안의 온도를 섭씨 6도 정도로 유지하면서 삭혀 먹는다. 가장 흔한 것이 홍어 삼합(三合)으로, 삭힌 홍어를 돼지 삼겹살과 함께 묵은지에 싸서 먹는다. 여기에 탁주(막걸리)를 곁들여서 먹으니 이를 '홍탁(洪濁)'이라고 하며, 이른 봄에 나는 보리 싹과 홍어 내장을 넣어 뭉근히 끓인 홍어애국, 회, 구이, 찜, 포 등으로 먹기도 한다. 그리고 같은 연골어류인 상어 연골처럼 글루코사민(glucosamine)과 콘드로이틴(chondroitin) 같은 것이 홍어 뼈에 들어 있어 관절 보호나 관절 치료에 효험이 있다고 한다. 근래 와서는

우리 것이 수요에 따르지 못해 칠레나 아르헨티나의 것이 으스댄다.

이런 바닷물고기들은 삼투압 작용으로 수분이 바닷물로 빠져나가는 것을 막기 위해 체내에 고농도로 여러 화합물을 녹여 놨다. 홍어는 그 중에 요소 성분이 많이 들었으니, 죽은 다음에 요소가 암모니아로 분해하면서 독특한 지린내를 물씬 풍긴다. 가오리가 내는 냄새는 홍어보다 코를 덜 쏜다고 한다. 메주를 띄운다거나 홍어를 삭힌다는 것은 일종의 발효로 사람 몸에 해가 되지 않는 경우를 말한다. 그런데 홍어는 뜸 들이기 시작한 후 열흘날쯤에 이산화탄소와 암모니아가 본격적으로 발생하며 이 암모니아가 다른 세균 번식을 막기 때문에 홍어는 얼간을 해 오래 둬도 살이 썩지 않는다. 삭힌 홍어는 중독성이 있어서 한번 맛 들이면 이내 홍어 마니아(mania)가 되고 만다. 필자도 네댓 번 먹은 터라 소증(素症)에 걸린 사람처럼 이 글을 쓰면서도 군침이 한입 돈다!

같은 연골어류인 상어 이야기 한 토막을 덧붙인다. 날고뛰는 '간 큰 사람'도 상어 간(肝)에는 못 당한다. 녀석들은 내장의 90퍼센트가 간으로 채워졌다니 말이다. 이놈들은 다른 물고기처럼 공기를 넣었다 뺐다 하여 부침(浮沈)을 조절하는 부레(swim bladder)가 없지만 대신 기름 덩어리인 큰 간이 있어 물에 뜬다. 거기서 간유(肝油)를 뽑으니 비타민 A가 그득 들어 있어 눈(夜盲症)에 좋다. 살코기는 먹히고 껍질은 사포(砂布, sandpaper)로 쓰이고, 간까지 빼 주는 상어야, 너 참 고맙다! 상어 지느러미(shark's fin)는 또 어떻고? 더러 영화의 주인공으로 등장하는 '바다의 폭군', '바다의 포식자'는 족히 100살을 넘겨 산다는데, 사실 물고기는 병들거나 늙어 힘 빠지면 죽기도 전에 다른 놈이 달려들어 잡아먹어 버리기에 사람처럼 똥을 싸 붙이면서 근근이 생명을 부지하는, 천수를 누리는 녀석이 없다. 그리고 보통 물고기는 눈알이 움직이지 않으나 이 놈들은 눈을 부릅뜨고 안구를 굴린다.

한마디로 연골어류는 여느 물고기처럼 쉽사리 썩지 않기에 바다에서 먼 동네 제사상에 깨끗이 발라낸 상어 토막이 올랐고, 동해안의 바닷가 여염집 제사에는 아직도 고래 고기를 제물(祭物)로 쓰는 것을 보면 제사도 환경의 산물이었던 것. 하여 제례(祭禮)도 지방마다 조금씩 다르다. 모름지기 어버이 살았을 적에 섬기기 다하여라. 사후대탁불여 생전일배주(死後大卓不如生前一杯酒)라, 죽어 큰상보다 살아 탁주 한 잔이 낫고, 죽어 석 잔 술이 살아 한 잔 술만 못하다. 모름지기 상어 한 토막도 살아 계실 적에 대접해야…….

다리인가, 팔인가?
오징어와 주꾸미

아슴푸레 흐르는 동해안 수평선 바다 끄트머리에는 오늘 밤에도 오징어 배들이 떼 지어 늘어서서 대낮같이 훤히 불을 켜 놓고 있다. 집어등(集魚燈)의 불빛을 어화(漁火)라고 하는데, 좀 낭만적으로 불러 '고기잡이 꽃(漁花)'이라 부르기도 한다. 그 휘황찬란한 광경에 눈을 떼기 아쉬운 불바다! 밤바다도 이렇게 멋진 풍광(風光)을 연출한다.

갖은 소리 작작해라. 헉헉! 숨이 턱에 닿도록 힘들게 낚싯줄 끌어 올리는 어부는 죽을 맛이다. 여름밤 가로등에 달려드는 부나비처럼 오징어도 밝은 불빛 쪽으로 몰려온다. 실은 불빛이 좋아서가 아니다. 불빛 보고 플랑크톤이 수면으로 떠오르면(양성 주광성) 그걸 먹겠다고 새우, 작은 물고기가 혈안이 되어 따르고, 잇따라 오징어가 내달려 몰려드는 것이다. 당랑재후(螳螂在後)라, 눈앞의 매미를 노려보는 얼간이 사마귀는 제 뒤에서 참새가 노려보고 있음을 알지 못하고, 사마귀를 잡으려 드는 얼간이 참새는 바로 뒤에 포수가 엿보고 있음을 끝내 알지 못하 네……

아예 물 반 오징어 반이라 미끼도 없는 흐르는 낚싯바늘에 배, 다리, 옆구리, 등짝이 꿰어 올라온다. 그 불빛 아래에 먹고 먹히는 먹이 사슬 (먹이 연쇄)이 이어지고 있구나. 한데, 세상에 먹고 먹힘이 없는 것(곳)이 없다. 어느 시인은 대뜸 "결국, 나의 천적은 나였구나."라고 말한다. 맞 는 말이다, 모든 원인은 내 안에 있나니……

오징어를 오적어(烏賊魚), 묵어(墨魚)라고도 불러 왔는데, 이 두 말을 풀어 보면 "도적을 만나면 검은 먹물을 내뿜는다."는 의미가 들어 있 는 듯하다. 목숨앗이(천적)를 만났거나 공격의 기미를 알아차리면 어 느새 행동이 표변한다. 몸 안, 외투강(外套腔) 속에 든 물을 순간적으로 확! 내뿜는다. 물이 오그린 깔때기(수관, siphon)를 빠져나가는 분사 운동 으로 제트 수류를 일으켜서 휙! 달려 나간다. 물의 저항을 줄이기 위해 서 머리를 움츠리고 다리를 바싹 오므려서 잽싸게 도망을 친다. 피 말 리는 숨바꼭질이다. 엔간히 도망을 가다가 더 이상 안 되겠다 싶으면 먹물을 퍼뜩 뿜어 버리고 내뺀다. 흑! 흑! 냄새를 맡으면서 먹잇감을 찾 느라 헛바퀴 도는 사이에 멀찌감치 도망친다. 따라오던 물고기가 구름 먹물에 눈이 가려서 먹이를 놓치는 것이 아니다. 오징어의 생존 전략이 어떤가?

오징어, 낙지, 문어 등을 묶어서 연체동물(軟體動物)의 두족류(頭足類,

cephalopoda)라 부른다. 머리, 몸통에 다리가 붙어 있는 괴이한 꼴을 하는 동물이다. 하긴 녀석들은 우리를 보고 괴상하다 하겠지. 아무튼 오징어, 갑오징어, 꼴뚜기들은 다리가 10개인 십각목(十脚目)이고 문어, 낙지, 주꾸미 등은 다리가 8개인 팔각목(八脚目)이다. 우리는 '다리(脚, foot)'라 하는데 서양 사람들은 '팔(腕, arm)'이라 하니 십완목(十腕目), 팔완목(八腕目)으로 번역하기도 한다. 오징어 다리가 발이냐 팔이냐?

그리고 오징어를 보면 2개의 긴 다리(촉수, 觸鬚, tentacle)를 가지고 있으니 그것은 운동이 목적이 아니고, 먹잇감을 잡거나 암컷을 움켜잡아 정자 덩어리를 외투강에 넣어 주는 교미기(交尾器) 역할을 한다. 어쨌거나 마른 오징어를 살 때는 발이 몇 개인가를 챙겨야 할 것이고, 덧붙여서 몸통에 달랑, 동그란 무엇이 하나 붙어 있으니 그것도 따져 봐야 한다. 그것은 입이다. 그 안에는 연체동물만이 갖는 치설이라는 것이 들었다. 먹이를 그것으로 갈고 자르니 이(齒) 닮았고, 핥아 먹으니 혀(舌) 비슷하다 하여 치설이라 부른다. 그 억센 부리로 살점을 뚝뚝 떼어 내 먹는다. 오늘 따라 우리들 마음의 고향, 푸르고 끝 간 데 없는 망망대해, 오징어가 뛰노는 저 푸른 동해 바다가 너무나 그립다.

이어서 오징어 사촌인 주꾸미를 만나 본다. 우리나라에서는 서해안이 주꾸미의 삶터다. 주꾸미를 모르면 '작은 문어' 정도로 여기면 된다. 옅은 바다에 살면서, 낮에는 꽤나 은둔적이지만 어둔 밤에는 온 사방 설쳐서 게나 새우 같은 갑각류를 잡아먹으며, 보통 때는 굼떠 보이지만 먹잇감만 보면 잽싸게 달려들어 확 덮치는 품이 더없이 날쌔다.

그리고 온몸에 아주 예민한 색소 세포(色素細胞, pigment cell)가 있어서 순간적으로 몸빛을 쓱쓱 바꾼다. 몸체의 위장, 주눅 들지 않는 경계(警戒), 동성에 대한 위협, 이성에 대한 구애를 위해서 능수능란하게 이 색 저 색 넘나드는 초능력을 가진 주꾸미다. 두족류는 하나같이 자웅 이체(雌雄異體)로, 암수가 만나면 온몸의 색깔을 이리저리 바꾸어서 "네가 좋다, 싫다."를 알린다. 그런가 하면 혹여 수놈끼리 만나는 날에는 난리가 난다. 승자 독식과 약육강식이 지배하는 적자생존의 바다가 아닌가. 다투다가 수틀리면 생명을 맞바꾸는 일도 마다하지 않는다. 그러다가 여태 어깃장 놓던 암놈이 좋다고 수런거리면 재빨리 암놈한테 버럭 달려들어 정자 덩어리를 외투강에 집어넣는다.

이렇게 씨를 받은 암컷 주꾸미는 산란장(産卵場)인 피뿔고둥을 찾아 나선다. 피뿔고둥은 뿔소랏과(科)에 드는 놈으로 입 둘레가 원체 붉은 색이어서 '피'란 말이 붙었고, 껍데기에 작은 '뿔(돌기)'이 나 있어 '피뿔고둥'이다. 껍데기가 아주 두껍고 야물며, 높이가 15센티미터나 되니 쉽게 비유하면 글 쓰는 이의 주먹보다 더 크고 입(각구, 殼口)이 크고 넓어서 주꾸미가 들어앉기에 안성맞춤이다. 그리고 육식성으로 이미 앞에서 설명한 '조개껍데기에 구멍 내기'가 이놈의 전공이기도 하다.

아무렴 주꾸미의 사랑 또한 기특하다. 피뿔고둥의 안벽에다 알을 낳아 붙이고 입구에 떡 버티고 앉아서 어엿이 알을 지킨다. 노심초사, 애써 빨판(흡판, sucker)으로 알을 닦아 주고, 맑은 물을 일부러 흘리면서 치성(致誠)을 다한다. 몸이 빼빼 마르고 성한 데가 없다. 주꾸미도 아프게

가슴앓이하는 곡진한 모성애가 있다.

이제 주꾸미를 잡아 보자. 먼저 피뿔고둥의 껍데기에 구멍을 뚫어 기다란 줄에 텅 빈 고둥을 디룽디룽 줄줄이 매달고 해 저물녘에 배를 타고 나가서, 주꾸미가 많이 들 것을 비손하면서 밧줄을 바다에 늘어뜨린다. 하룻밤 새우고 다음 날 새벽녘에 나가서 다시 걷어 올린다. 피뿔고둥 속에 주꾸미가 들었다! 빈 고둥 껍데기가 낚싯바늘인 셈이다. 회 한 접시에도 민중의 역사와 삶이 스며 있다고 하던가. 주꾸미와 고둥의 조우(遭遇), 예사롭지 않는 거룩한 만남이다.

영리한 주꾸미 놈의 어처구니없는 습성 하나를 더 보자. 바깥나들이 나갔다가 이내 목숨이 경각에 달린 주꾸미, 이게 웬 떡이냐 하고 달려온 물고기 눈에는 식겁 먹고 꽁지 빠지게 달아난 녀석은 보이지 않고 어이없게도 입뚜껑(구개, 口蓋, operculum)을 꽉 닫은 피뿔고둥만이 덩그러니 버티고 있으니…… 머쓱하게도 닭 쫓던 개가 되고 말았다! 기겁한 주꾸미는 헐레벌떡 쫓기면서도 납작한 조개껍데기 하나를 덥석 물고 와 몸통을 쓰윽 고둥 안에 비집어 넣고는 그 조가비로 퍼뜩 입을 틀어막아 버린다. 이럴 때 엿 먹인다고 하던가? 암튼 신통한 일이로고! 도대체 주꾸미 너는 그것을 어찌, 어디서 터득했느냐? 어머니가 기꺼이 가르쳐 주셨답니다! 참, 자식은 부모를 비춰 보이는 거울이라 했지.

물고기는 물 없으면 죽지만 물고기가 없어도 물은 물이다. 고둥은 주꾸미가 없어도 고둥일 뿐. 어째서 주꾸미는 대대로 알을 그 고둥 속에다 낳는 것일까. 제가 낙지(落地, 태어남)하여 제일 먼저 보고 접한 것이 그 고등이었고, 거기가 모천(母川)으로 각인된 탓이다. 연어는 그 먼 길을 돌아 제가 태어난 어머니 강으로 오고 마찬가지로 주꾸미도 제가 배태한 바로 그 고등을 찾아와 거기에 새끼를 낳는다. 귀소 본능이라는 것이다. 참 오묘한 생물들의 세계로다. 온통 생명의 시원인 태생지를 찾아든다. 수구초심(首邱初心)! 우리도 고향을 언제나 그리며 살지 않는가. 고향은 핏줄 속에 녹아 흐르는 모천으로, 가뜩이나 나이를 한가득 먹으니 부쩍 그리움이 늘어만 간다.

피뿔고둥은 꾀보 주꾸미가 태어난 안태본(安胎本)이다. 서해의 주꾸미들은 피뿔고둥을 집 삼아 달빛 괴괴한 차가운 바다 밤을 오롯이 지새울 것이다. 그야말로 일렁이는 바다는 본래 낮고, 넓고, 깊은 곳이렷다.

흰토끼는
알비노

"산토끼 토끼야 어디를 가느냐/깡충깡충 뛰면서 어디를 가느냐/산 고개고개를 나 혼자 넘어서/토실토실 알밤을 주워서 올 테야." 한번 흥얼거려 보시라. 그러다 보면 어린 꼬마 시절의 엄마, 잊었던 소꿉친구, 머리에서 멀어진 담임 선생님 생각도 떠오를 것이다! '거북이와 토끼'의 경주 이야기에서 절구질하는 '달 속의 토끼'까지 토끼는 우리와 가까운 동물이다.

며칠 전 매일같이 다니는 오후, 산책길 산굽이에서 산토끼 녀석을 만났다. 부스럭부스럭, 저만치에서 팔딱 뛰어가다가 언뜻 멈춰 서서 귀 쫑긋 곧추세워 두리번거리더니만 그만 후딱 줄행랑을 친다. 산꼭대기에 기온이 더 빨리 떨어지니 추위를 피해 산토끼가 산발치로 내려왔다. 길고 힘 좋은 뒷다리를 냅다 뻗대고 달리는 뜀박질 선수가 산토끼

아닌가. 뒷다리가 앞다리보다 훨씬 길어서 오르막엔 날쌔지만, 내리막에는 젬병이다. 그래서 토끼몰이는 산 위에서 아래로 한다.

산토끼는 얼어붙은 듯이 가만히 그 큰 귀(10센티미터)를 오뚝 세우고 사방, 머리 위까지 노려본다. '놀란 토끼'란 말이 그런 모습에서 온 것이리라! 족제비나 맹금류(猛禽類) 같은 자기를 성가시게 하는 천적을 경계하느라 그런다. 놈들은 윗입술(上脣)이 세로로 짜개졌으니, 사람에서 언청이(입술갈림증, cleft lip)를 영어로 'harelip(토순, 兎脣)'이라 한다. 그리고 토끼도 개, 고양이와 같이 다섯 발가락 끝에 힘을 실어 걷고 뛰는 지행동물(趾行動物, digitigrade animals)이다.

흔히 쥐 무리와 토끼 무리를 묶어 설치류라 하는데 둘은 조금 다르다. 설치류(齧齒類, rodent)인 쥐는 앞니(incisor)가 위아래 각각 한 쌍씩(4개)으로, 끌 모양으로 야문 곡식을 쏠아 닳아 빠지는 만큼 일생 동안 자란다. 그리고 중치류(重齒類, logomorpha)인 토끼는 쥐처럼 위아래 각각 한 쌍의 크고 긴 앞니가 있고, 위턱(윗니) 안쪽에 작고 짧은 이가 2개 더 있는 것이(때문에 중치류라 하며 앞니가 모두 6개임) 설치류와 다르다. 앞의 것은 쥐처럼 끝이 예리하면서 평생 자라지만 뒤의 것은 작고 뭉툭하면서 자라지 않는다.

그리고 전 세계에 사는 30종이 넘는 토끼를 대별하면, 굴을 파고 사는 굴토끼류(穴兎類)인 '집토끼(rabbit)' 무리와 굴을 파지 않고 사는 멧토끼류(野兎類)인 '산토끼(hare)'로 나눈다. 전자는 어미가 굴(穴)을 파고 그 안에다 털을 뽑아 깔아 새끼를 낳으며, 새끼는 태어날 때 눈이 멀었고 털도 나지 않아 새빨간 맨살로 옴짝달싹도 못하지만, 후자는 맨땅에 터 닦아 새끼를 낳고, 새끼는 조숙하여 태어나자마자 눈을 뜨고 얼마 후에 온 사방을 뛰어다닌다. 캐나다나 알래스카 등 추운 곳에 살면서 겨울에는 털이 순백색, 여름에는 노란색·회색·갈색으로 바뀌는 눈덧신토끼(snowshoe hare)는 후자에 속하고, 산토끼가 일반적으로 집토끼보다 덩치가 크고 귀가 더 길다.

우리가 즐겨 키우는 집토끼는 전신의 털이 흴뿐더러 눈알이 빨갛고 귓바퀴에도 굵은 핏줄이 흐른다. 흰쥐나 흰토끼, 백사(白蛇)나 흰까마귀도 자연계에 나타난 알비노(albino)로 이들은 전신이 희어서 천적 눈에 잘 띄어 쉽게 사냥감이 되기에 생존율이 떨어진다. 암튼 백색증(白色症, albinism)이란 멜라닌 색소가 눈, 피부, 깃털, 머리털에 생기지 않는 것을 일컫는다. 이를 백화 현상(白化現象)이라고도 하며, 그렇게 생긴 백색 생물체를 알비노라 한다.

이것은 티로시나아제(tyrosinase) 효소가 없어 생기는 것으로, 이 효소는 동식물 세포에 널리 있다. 단백질을 만드는 20개의 아미노산 중의 하나인 티로신(tyrosine)을 산화시켜 멜라닌이나 다른 색소를 만드는 것을 촉매한다. 아주 가까운 예로 감자에서 껍질을 벗기거나 토막 친 자리가 거무스름해지는 것도 그런 탓이다. 이는 유전하는 것으로 접촉이나 수혈 등으로 감염하지 않으며, 가끔은 돌연변이로 생기는 수도 있다.

사람에서 1만 7000여 명 중 한 사람이 어떤 형태이든 알비노이며 70명에 한 사람꼴로 유전 인자(albinism genes)를 가진다고 한다. 다른 형질 발현에는 남녀 차이가 없으나, 눈 백색증(eye-albinism)에는 차이가 난다. 눈 백색증은 눈알의 저 안쪽, 상이 맺히는 망막 아래에 흐르는 핏줄을 검은 멜라닌 색소가(없어서) 덮지 못하므로 거기에 흐르는 빨간 피색이 반사되어 눈동자가 붉게 보이는 것이다. 이 증세는 X 염색체와 관계하는 반성 유전(伴性遺傳)이기 때문에 여자보다 남자에서 더 많이 나타난다. 그런 면에서 색맹 유전과 동일하다. 흰 집토끼의 눈이 붉은 것도 이와 같은 것으로, 홍채에도 멜라닌 색소가 없어 투명하기에 눈 안의 피가 고스란히 빨갛게 비춰 보인다. 허나 백색증이라고 성장이나 건강, 발생(성), 수명에는 지장이 거의 없다 한다.

다음은 토끼 똥 이야기다. 초식 동물을 소화 기관을 중심으로 나누면, 소나 염소같이 되새김위를 갖는 반추 동물(反芻動物, ruminant)과 맹장에서 주로 소화가 일어나는 토끼 같은 대장 소화 동물(大腸消化動物, hindgut digester)로 나눈다. 토끼의 맹장은 위장의 10배가 넘으며 다른 대장과 함께 전체 소화 기관의 40퍼센트를 차지한다.

토끼가 오물오물 잘게 씹어 먹은 풀이나 나무줄기, 껍질에 든 여러 영양소가 위(胃)에서 소화(가수 분해)되어 소장에서 흡수된 다음 대장의 결장(結腸, colon)으로 내려가는데, 섬유소(cellulose)같이 질긴 것들은 코끝만치도 소화되지 않고 그대로 있기에, 그것들을 역연동 운동(逆蠕動運動)으로 결장에서 맹장으로 되돌려 밀어 넣는다. 맹장에는 반추 동물의 위와 마찬가지로 세균, 원생동물을 포함하는 여러 종류의 미생물이 있어서 이것들이 다당류인 섬유소를 이당류인 셀로비오스(cellobiose), 단당류인 포도당(glucose)으로 분해(발효)할뿐더러 비타민이나 무기 염류도 생성한다.

토끼는 괴이하게도 두 가지 똥을 누며, 그중 하나를 꺼림칙하게도 주워 먹는다. 토끼 똥은 우리가 흔히 보는 딱딱한 환약(丸藥) 같은 것이 있는가 하면 검고 끈적끈적하며 묽은 것(soft feces)이 있다. 후자의 점액성 대변은 토끼가 지체 없이 후딱 먹어 버리니 우리 눈으로 보기 어려운 것이다. 그 똥은 맹장에서 발효한(4~8시간이 걸림) 것으로 묽은 변은 56퍼센트가 세균이고 24퍼센트가 단백질로 아주 귀중한 양분이다. 맹장에서 나간 양분 덩어리인 이것을 대장에서 흡수할 수 없기에, 그것을 다시 주워 먹어서 재차 위(胃)에서 6시간 넘게 단백질이 주성분인 세균까지도 죄다 소화시킨다. 다시 말해서 맹장에서 1차 소화시킨 것을 다시 위에서 재소화(double-digestion)시킨다고 하니 예사로운 동물이 아니다! 그럼 코코볼 닮은 똥그란 똥은? 묽은 변을 재차 소화시켜 딱딱해진 것으로 영양소가 거의 없는 똥이다. 춘란이나 칡 줄기, 인동 넝쿨 뜯고 갉아먹은 토끼 똥은 한약(韓藥)에 쓴다.

생자필멸(生者必滅), 태어나면 반드시 죽어야 한다. 토사구팽(兎死狗烹)이라, 토끼를 다 잡으면 냉큼 사냥개를 삶고, 토사호비(兎死狐悲)라, 토끼가 죽으니 여우가 슬퍼하더라. 이것은 '악어의 눈물'이 아닌 '여우의 눈물'이렷다. 애당초 토끼 둘을 잡으려다 하나도 못 잡는다. 모름지기 한 우물을 파야 한다!

소와 미생물의
공생

거친 돌밭을 묵묵히 갈아 매며, 고난에 굴하지 않고 한 걸음 한 걸음 내딛는 소. 서두름이나 욕심 없이, 곁눈 안 팔고 그저 묵묵하게 우직한 걸음으로 늠름하게 나아가는 소. 소를 닮으리라! 평생 주인을 위해 일해 주고 나중에 몸까지 보시(布施)하는 소.

그런데 자(쥐), 축(소), 인(호랑이), 묘(토끼), 진(용), 사(뱀), 오(말), 미(양), 신(원숭이), 유(닭), 술(개), 해(돼지)의 십이지(十二支) 중에서 진(용)을 빼면 나머지는 우리 주변 동물들이다. 소는 우리에겐 가축이자 가족이었다. 듬직한 소의 노동력 없이는 농사를 지을 수 없었으니 우리 집 재산 목록 제1호였고. 게다가 외삼촌이 소 팔아 준 돈으로 대학 공부를 시작할 수 있었던 나였으니……. 얼마 전에 중국에 다녀왔는데, 놀랍게도 시간이 멈춘 듯한 그곳 시골에서 어린 시절의 나를 만났다! 논으로 밭으로 고삐 잡아 몰아 소에게 풀 뜯기던 꼬마둥이 나를 거기서 발견한 거다. 땔감나무하고 소 치던 철부지 시절을 거듭 반추하였다. 그때가 그리워지는 건 내가 나이를 먹은 탓일까.

큰 사전에서 '쇠' 자를 찾아보았다. 명사 앞에 붙어서 '소'의 뜻을 나타내는 말이라 쓰여 있다. 그 밑에 있는 '쇠' 자는 '작다'는 뜻이라고 한다. 쇠우렁이, 쇠고래, 쇠기러기 등으로 쓰인다고 한다. 이런 재미로 사전 뒤지기를 한다. 소는 당연히 포유강(綱), 소목(目), 솟과(科)의 동물이다. 솟과에는 소, 들소, 양, 염소, 사슴, 고라니, 노루들이 속한다. 솟과 동물은 하나같이 머리와 가슴은 작고 몸통(배)이 훨씬 크다. 네 부위로 나뉜 반추위(되새김위)와 각질화(角質化)된 딱딱한 발굽을 가지고 있다. 이렇게 되새김위를 가진 동물을 반추 동물이라 한다. 그리고 발굽(蹄, toe)을 가진 동물을 유제류(有蹄類)라 한다. 발굽이 하나인 말과 셋인 코뿔소처럼 홀수의 굽을 가진 것을 기제류(奇蹄類)라고 한다. 소나 돼지, 염소같이 짝수(둘)인 발굽 동물을 우제류(偶蹄類)라 한다. 발굽은 돌산 같은 험한 지형에 살기 위해 적응한 장치다.

사실 길들여 농사일 시키고 늙어 힘 빠지면 잡아먹었던 소인데, 요새는 기계가 힘든 일 다 하니 키워 먹는 살코기 '한우'로 둔갑하고 말았다. 소의 밥통(반추위, ruminant stomach)을 '양'이라 하며 그것은 네 방으로 나뉘어지니, 제1위는 혹위라 한다. 가장 커서 반추위의 거의 전부를 차지한다. 검은 수건처럼 안이 오돌오돌한데, 구이로 쓴다. 제2위는 벌집위라 한다. 벌집 꼴을 하기 때문이다. 벌집위는 양즙을 내 먹는다. 제

3위는 겹주름위라 하는데, 주름이 많이 졌다. 처녑 또는 천엽이라 하는데, 처녑전이나 처녑회로 좋다. 제4위는 주름위라 하는데, 진짜 위다. 막창구이로 좋다. 우리나라 사람들이 먹는 쇠고기 부위가 쉰 가지가 넘는다고 하니 참 알뜰하기 그지없다. 내장은 말할 것도 없고 선지해장국감에다 뼈다귀에 소발, 쇠가죽에 붙은 질긴 수구레까지 벗겨먹는다. 안심, 등심, 갈비, 육회는 물론이고 뿔은 빗(櫛)으로, 껍질은 벗겨 구두를 만든다. 과연 소는 사람을 위해 태어났단 말인가?

소과 동물은 모두 반추 동물들이다. 초식 동물들은 성질이 양순하고 특별한 공격 방어 무기가 없어 언제나 힘센 포식자에게 잡혀 먹힌다. 그래서 풀이 있으면 어서 빨리 뜯어 먹어 일단 위에 그득 채워 넣고 안전한 곳으로 옮겨 가서 되새김질을 한다. 아주 멋진 적응이요, 진화다! 가장 큰 제1위인 혹위는 겉에서 보아 혹처럼 불룩불룩 튀어나와 붙은 이름이다. 여기에 짚을 집어넣으면 제2위인 벌집위로 넘어가 둥그스름한 덩어리(cud)가 된다. 되새김질감이 된 것이다. 그것을 끄르륵! 트림하듯 토(吐)하여 50번 이상 질겅질겅 씹어 되넘기면, 제2위를 지나 제3위인 겹주름위, 제4위인 주름위를 지나 작은창자로 내려간다. 결국 제1, 2위가 반추위인 셈이고, 그중에서 혹위가 빵빵한 소 복통(배)의 4분의 3을 차지하니 거기에 약 150리터의 먹이를 채운다. 기름 한 드럼통이 200리터니 혹위가 얼마나 큰지 짐작할 것이다. 제1, 2, 3위가 식도(食道)가 변한 것으로 주로 저장과 반추를 한다면 제4위인 주름위는 다른 동물의 밥통과 맞먹어서 강한 위액을 분비한다. 닭의 모이주머니는 식도의 일부이고, 모래주머니가 진짜 위인 것을 생각하면 되새김위를 이해하는 데 도움이 되겠다.

반추위에 서식하는 미생물(rumen microorganisms)은 반추 동물에게는 없어서는 안 되는 아주 중요한 공생 생물이다. 이 미생물에는 혐기성 세균(嫌氣性細菌, anaerobic bacteria)과 원생동물이 주를 이룬다. 균류도 소량 차지한다. 이것들은 거의 다 혹위에 산다. 그 중 세균들은 주로 섬유소나 다당류 등 탄수화물을 분해하는 중요한 역할을 한다. 원생동물은 섬모충류가 주류다. 세균보다 40배나 더 커서 세균을 잡아먹어서 세균의 수를 조절한다. 효모를 포함하는 균류도 일부 발견되는데, 그것들의 하는 일은 잘 알려지지 않았다.

결국 혹위는 커다란 분해 탱크, 즉 발효 통이다. 꿈틀꿈틀 움직여(연동 운동) 여물과 침과 미생물을 버무려 섞는다. 먹이는 여기에 9~12시간 머문다. 그러면 세균들이 식물의 세포벽을 얽어 만드는, 소화시키기 어려운 섬유소(셀룰로오스)를 분해하기 시작한다. 세균들은 셀룰라아제(cellulase)라는 효소를 분비하여 다당류인 셀룰로오스를 이당류인 셀로비오스로 분해한다. 이어서 셀로비아제(cellobiase)라는 효소로 셀로비오스를 단당류인 포도당으로 분해한다. 섬유소, 리그닌, 펙틴(pectin) 같은 아주 질긴 식물 세포벽의 성분을 분해하는 효소는 오직 이들 세균들만이 합성하여 분비한다. 소나 사람 같은 동물은 만들 엄두도 내지 못한다.

이렇게 섬유소에서 만들어진 포도당을 또다시 세균들이 발효시켜 휘발성 지방산을 만들어 낸다. 아미노산이나 비타민까지도 합성한다. 이때 공해 물질에 해당하는 이산화탄소와 메탄(CH_4)이 만들어진다. 하루에 소 한 마리가 280리터를 트림이나 방귀로 내뱉는다고 한다. 어쨌거나, 여러분들은 소가 풀만 먹는데도 살(단백질)이 찌고 비계(지방)가 끼는 까닭을 알게 됐을 것이다. 물론 풀에도 탄수화물과 단백질, 지방 성분이 들어 있다는 것도 알아야 소의 살찜을 이해한다. 우리가 먹는 쌀밥에도 탄수화물 21퍼센트, 단백질 10퍼센트, 지방이 3퍼센트 정도 들었듯이 말이다.

세상에 공짜 없다. 미생물들은 혹위라는 안정된 삶터에서 소가 먹은 풀이나 곡식을 분해하면서 나오는 에너지를 얻어 번식한다. 소는 그들이 분해하고 합성한 포도당, 지방산, 아미노산, 비타민 같은 양분을 얻는다. 둘은 주고받기를 하는 것이다. 천생연분(天生緣分)이요, 뗄 수 없는 공생이다. 묘한 상생이라 해도 좋다. 혹위에 있던 그 많은 미생물들(1밀리리터당 10^{10}~10^{11}마리)은 죽처럼 묽어진 식물(食物)에 섞여 제4위와 소장으로 내려가고, 거기서 소화되어 역시 귀한 양분을 소에게 공급한다. 이렇게 미생물은 반추 동물인 소에게 숙명적인 것이다. 갓 태어난 송아지도 어미의 젖꼭지나 마구간 바닥에 널려 있는 어미 똥 묻은 볏짚을 씹으면서 귀중한 공생체를 배 속에 집어넣는다.

외양간 바닥에 소 한 마리가 드러누워 있다. 겨울 햇볕을 받으며 지그시 눈 감고, 끄덕끄덕 고갯짓하고 있다. 꿀꺽꿀꺽 여물을 토해 내 되새김질하는 소의 모습. 거기서 평온함과 여유로움을 만난다. 정녕 정각

(正覺), 해탈(解脫)이라는 올바른 깨달음도 소에서 얻지 않는가.

돌에 핀 꽃,
굴

굴은 부르는 이름이 많다. 굴을 굴조개, 석굴, 석화 등으로 부르니,
사람이나 생물에 별명이 많다는 것은 다 유명한 탓이리라. 굴의 여러
이름 중에서 무척 생소하게 들리는 것은 아마도 '석화'일 듯. 석화란 돌
석(石) 자에 꽃 화(花) 자라 직역하면 '돌꽃'이다. 바닷가 바윗돌에 무슨
놈의 꽃이 핀단 말인가.

굴은 껍데기가 둘인 연체동물의 이매패(二枚貝, bivalvia)다. '이매'는 2
장, '패'는 조개, 즉 껍데기(valve)가 2장(bi)인 조개란 뜻이며, 그것들의 발
(足)이 도끼를 닮았다 하여 부족류(斧足類)라 부르기도 한다. 어쨌거나 2
장의 조갑지 중 하나는 암석에 딱 달라붙으니 그것은 왼쪽 껍데기이
고, 여닫이 하는 위의 것이 우각(右殼)이다. 허 참, 조개껍데기도 왼쪽 오
른쪽이 있다? 조간대에 사는 굴은 심한 온도 차와 건조함을 이겨 내기

위해 썰물에는 껍데기를 꽉 닫는다.

굴 철에 바닷가에 가면 바위에 붙은 굴을 따는 광경을 볼 수 있다. 굴 따는 아낙들은 심심풀이 이야기를 하면서도 손놀림을 멈추지 않는다. 자세히 보면 그 잰 손놀림에 눈이 휘둥그레질 지경이다. 보통 사람은 죽었다 깨어나도 저리 못한다. 끝이 고부랑한 쇠갈고리(조새)로 두 껍데기를 맞닿게 이어 주는 인대(靭帶) 부위를 탁 친 다음 위쪽 껍데기를 획 들어내고 안의 뽀얀 살을 쿡 찍어 그릇에 담는다. 연거푸 숱하게 반복해도 일사천리로 군더더기 하나 없이 해낸다. 바싹 통달했다. 말 그대로 달인(達人)이다! 이렇게 달인의 손길에 그만 제 짝을 잃고 바위에 홀로 달랑 남은 납작한 굴 껍데기, 그 색이 무척 새하얗다. 멀리서 보면 뽀얀 껍데기 자국들이 거무스레한 너럭바위에 두루 다닥다닥 널려 있으니 그것이 '돌꽃', '석화'가 아니고 뭐란 말인가!

이렇게 돌이나 너럭바위에 붙어사는 자연산 굴을 보통 '어리굴'이라 하고 그것으로 젓을 담으니 그게 필자도 좋아하는 어리굴젓이다. 밥도둑 놈, 말만 들어도 군침이 한입 돈다! 여기서 '어리'란 말은 '어리다', '작다'는 뜻으로 '어리연꽃', '어리여치', '어리박각시' 등이 있을뿐더러 '쇠'(기러기), '왜'(우렁이), '갈'(대) 등도 작다는 의미다. 작은 고추가 맵다!

우리나라에 서식하는 석화에는 주로 먹는 '참굴(*Crassostrea gigas*)'을 위시하여 비슷한 것이 족히 3속(屬), 10종(種)에 달한다. 사는 곳은 해안가 바닷물이 들락거리는 조간대에서부터 바다 밑 20미터 근방에까지 꽤 다양하다. 굴의 겉껍데기는 다른 조개들처럼 매끈하지 못하고 예리하고 꺼칠꺼칠한 비늘 모양의 결이 서 있으며, 그러면서도 몇 년생인가를 알려 주는 성장맥(成長脈)도 나 있다. 굴의 천적으로는 게·불가사리·갯우렁이·피뿔고둥·바닷새 등과, 그리고 사람이다. 한데 사람은 고맙게도 여러 방법으로 그들을 키워 주니 굴 씨가 마를 위험이 없다. 우리가 키우는 곡식, 과일들도 그런 점에 후손 걱정을 하지 않아도 되게 되었다. 그렇지 않은가?

굴을 포함하는 조개(이매패)의 아가미는 숨쉬기와 먹이 얻기라는 두 가지 몫을 담당한다. 굴의 아가미는 다른 이매패들이 다 그렇듯이 가스 교환이라는 호흡(呼吸)에, 플랑크톤이나 조류(藻類), 유기물을 걸러 먹는 여과 섭식(濾過攝食, filter feeding)을 한다. 한 마리의 굴이 1시간에 무려 5리터의 바닷물을 걸러 내어 바다의 부영양화(富營養化)를 예방한다고 하니 그야말로 도랑 치고 가재 잡고, 마당 쓸고 동전 줍는 격이다. 연체동물은 모두 다 치설로 먹이 섭취를 하는데, 그 중에서 이들 부족류만 그것이 없고 대신 아가미로 이렇게 먹이를 얻는다.

서양 사람들은 굴을 '바다의 우유'라 하며 한때는 굴을 강장제로 여겼다. 실은 생굴 속살의 희뿌연 우유 색깔이 감각적이라면, 남성 호르몬인 테스토스테론(testosterone)을 만드는 데 쓰이는 특별한 아미노산과 아연(zinc)이 넘친다는 것이다. 우리 식으로 말하면 '바다의 인삼'인 셈이다! 굴에는 보통 음식에 적게 들어 있는 무기 염류 성분인 아연, 셀레늄(selenium)·철분(iron)·칼슘(calcium) 말고도 비타민 A와 비타민 D가 많다고 한다. 이렇게 생으로 먹는 것 말고도 굴 소스(oyster sauce), 굴 무침,

굴 밥, 굴 부침개, 굴국, 굴 국밥, 굴 찜, 굴깍두기, 굴김치, 굴장아찌, 굴 전 등으로 요리해 먹는다.

덧붙여서, 굴은 껍데기를 꽉 다문 것이 싱싱한 것이다. 그런데 굴을 언제나 날로 먹을 수 없으니, 영어나 불어로 달력 이름(예로, January)에 'r' 자가 든 달에 먹으면 안전하다고 여겨 왔으나 철칙으로 여기지 말 것이 다. 곧, 'r' 자가 없는 5~8월(May, June, July, August)에는 굴이 독성을 가지는 산란기일뿐더러 바닷물에 여러 종류의 비브리오균(Vibrio spp.)과 살모넬 라(Salmonella enterica), 대장균(Escherichia coli)들이 득실거려, 생걸 먹으면 큰 탈이 난다.

요새 와서는 굴도 키워 먹는다. 굴 양식(養殖)은, 죽은 굴 껍데기를 올 망졸망 줄에 꿰매어 물 밑에다 뒤룽뒤룽 드리워 놓아 키우는 남해안 의 '수하식(垂下式)'과 널따란 서해안 갯벌에다 넓적한 돌을 적당한 간격 으로 던져 놓는 '투석식(投石式)', 또 근래 프랑스에서 배워 온 그물 보자 기에 새끼 굴(종패, 種貝, spat)을 넣고 널평상(平床) 같은 데 올려놓아 키우 는(씨알이 매우 굵다고 함) '수평망식(水平網式)'이 있다. 늘 물속에 드리워 기르 는 드림식(수하식)보다는 조간대의 개펄에서 나는 자연 굴이나 던짐이 (투석식), 망에 넣어 키운 것이 더 맛 좋다고 하니, 여름엔 찌는 무더위와 작열하는 땡볕에 자주 노출되고 겨울엔 땡땡 칼 추위에 찬바람을 맞 아 그렇다. 극한 상황을 겪는 생물은 만일의 사태에 대비해서 몸에 여 러 영양분을 그득 쌓아 놓으니 육질(肉質)이 더없이 좋다.

굴은 상품화되려면 2~3년 걸리지만, 1년이면 거의 성숙한다. 참굴

등 크라소스트레아속(屬)(*Crassostrea*)의 것들은 하나같이 웅성선숙(雄性先熟)으로 첫해는 모두 수놈으로 정액을 분비하다가, 2~3년이면 예외 없이 죄다 암놈으로 성전환(性轉換)하여 난자를 분비한다. 성비가 뒤죽박죽 바뀐다는 말인데, 굴과 달리 암컷이 수컷보다 먼저 자라는 자성선숙(雌性先熟)은 산호초의 물고기 등에서 더러 보인다.

그리고 굴은 보통 5~6월경에 산란하고 담륜자(擔輪子, trochophora), 피면자(被面子, veliger)의 유생 시기를 거친 다음 어린 종패가 되어서 바위나 돌, 다른 굴 껍데기에 붙는다. 굴의 암수를 겉 보고는 구별할 수 없으니, 굴을 잡아서 생식소 부위를 메스(mes)로 잘라 체액을 슬라이드 글라스에 문질러 보아 우유같이 멀겋게 퍼지는 것은 정자고, 눈으로 겨우 느껴지는 작은 알갱이가 드러나는 것이 난자다.

어쩌다가 기생충이나 이물(異物)이 굴이나 진주조개(pearly shell) 무리에 빨려 들어가 패각과 외투막(外套膜, 껍데기에 붙어서 조갯살을 싸는 막) 사이에 끼어들면 외투막에서 진주 성분을 분비하여 그것을 에워싸니, 여러 해 동안 진주 물질이 쌓이고 쌓여서 자연산 진주(natural pearl)가 된다. 이것을 모방하여, 껍데기가 두꺼운 민물조개 껍데기를 세로 가로 잘라, 둥글게 갈아 만든 작은 핵(核)을 일부러 진주조개의 껍데기와 외투막 사이에 삽입하여 진주를 만드니 이것이 인공 진주(artificial pearl)다. 제아무리 진주가 귀하다 해 봤자 고작 탄산칼슘($CaCO_3$) 덩어리인 것을. 그렇다. 사람들이 진정 값진 것을 값진 줄 모른다. 공기·물·사랑 말이다.

그림자 사냥의 고수, 민물가마우지

　민물가마우지는 바닷새목(目), 가마우짓과(科)의 조류로 세계적으로 비슷한 것이 32종이 있으며 갈라파고스에 사는 '갈라파고스가마우지'는 바다에 먹을 것이 지천으로 널려 있어 멀리 날아다니지 않다 보니 날개가 퇴화하여 날지 못하며, 그러다 보니 근래 와서는 되레 쉽게 잡혀 먹히는 신세가 되어 멸종 직전에 놓였다고 한다. 우리나라에는 민물가마우지(great cormorant), 바다가마우지, 쇠가마우지 3종이 서식하며 겨울 철새이지만 일부는 서해의 무인도에서는 텃새로 지낸다고 한다. 어원이 확실하지 않으나 '가마우지'란 이름은 검다는 뜻의 '가마'와 바닷새라는 뜻의 '우지(제. 鵜)'의 합성어가 아닌가 싶다. 생물의 이름에 그 생물의 특성이 묻어 있기에 이름을 따지게 된다.

　새를 이동(migration)에 초점을 맞춰 보면, 첫째, 늘 한곳에 터를 잡고 사는 텃새, 둘째, 철철이 오가는 철새(철새 중 여름 철새는 주로 숲새로 우리나라에서 알을 낳아 새끼를 길러 가고, 겨울 철새는 물새로 오직 추위를 피해 온 새임), 셋째, 가는 길에 잠깐 머물다 가는 나그네새(통과조, passage migrant birds), 넷째, 태풍 등으로 잘못 들게 된 길 잃은 새(미조, 迷鳥), 다섯째, 텃새이면서 굴뚝새나 동백꽃에 오는 동박새처럼 여름에는 높은 산에서 살아 거기서 번식하고 벌레가 없는 겨울엔 산 아래로 내려와 나무 열매나 꽃물을 먹는 떠돌이새(표조, 漂鳥) 등으로 나눈다.

그리고 식성이나 서식처를 기준으로 네 무리로 나누니, 첫째, 수금류(水禽類, water bird)는 물에 사는 새들로, 물 위나 물속을 헤엄치는 유금류(遊禽類, swimming bird)와 긴 다리로 걸어 다니는 섭금류(涉禽類, wader)가 있고(가마우지는 유금류에 듦), 둘째, 육식성 조류 맹금류(猛禽類), 셋째, 울대(기관지에 있는 고리 모양의 연골)가 발달하여 노래를 잘 부르는 참새목의 명금류(鳴禽類, song bird), 넷째, 타조, 키위, 에뮤 등과 같이 날개가 퇴화한 주금류(走禽類)가 있다. 어쨌거나 우리 친구인 새가 없는 세상은 상상만 해도 섬뜩하다! 그렇지 않은가?

민물가마우지는 암수의 깃털색이 서로 같으며, 보통 몸무게는 3킬로그램, 몸길이 90센티미터에 쫙 편 날개 길이는 긴 것은 160센티미터에 이른다. 이렇게 긴 날개를 물 위에서 쩍 벌리고 있으면 물에 그림자가 지고 그 그늘에 물고기들이 다투어 모여드니, 냉큼 물고기를 잡아먹는 '그림자 사냥'을 하는 신통방통한 지혜로운 새다! 그리고 눈은 초록색(눈동자는 검음)이고, 눈을 움직이는 몇 안 되는 새로 물속에서도 눈을 굴리기에 사냥에 편리하다. 암수 모두 몸이 검은(가마)색이고 뺨과 멱(목의 앞쪽)은 흰색이며 발에는 큰 물갈퀴가 있다.

윗부리는 갈색, 아랫부리는 살색이며 아주 힘센 윗부리의 끝이 갈고리처럼 아래로 고부라져 있어 한번 걸려든 물고기는 끝장이다. 또 보통 물새는 꽁지에 있는 기름샘(oil gland)의 천연 기름을 깃털에 바르기에 물에 젖지 않고 헤엄을 잘 치지만, 가마우지는 기름샘이 없기에 깃털이 물에 쉽게 젖고, 깃털에 공기가 빠지면서 부력이 죽어 버려(약해져서) 잠수 능력이 뛰어나다. 그런 탓에 한참 먹이잡이를 한 다음에는 바위나 나뭇가지에서 물에 젖은 날개를 반쯤 펴고 온몸의 깃털을 말린다. 잡은 물고기를 공중에다 휙 솟구치게 공중제비를 돌리니 곤두박질하면서 물고기 머리가 제 입으로 쏙 들게 한다. 배드민턴의 원리를 응용하는 꾀보요, 재주꾼이다.

지금은 보호해야 하는 처지지만 가마우지가 아주 흔했던 옛날에는 어부와 경쟁 관계였고, 실제로 근래 영국에서는 잘 보호한 탓에 전에 없이 수가 불어나 가끔 가마우지를 잡아 없앤다고 한다. 우리나라는 서해 연안의 얕은 바다나 강 하구, 그리고 간척지, 호수 등에 나타나며, 때로는 내륙의 강이나 소양호에도 가끔 나타난다고 한다. 주로 남해의 거제도와 서해 앞바다 섬에서 겨울을 나고, 연안의 섬이나 암초에서 무리 지어 살면서 나무나 벼랑 자락에 나무때기나 해초, 풀 등을 써서 접시 모양의 둥지를 튼다. 한배에 보통 3~4개의 엷은 청색 알을 낳으며, 25~28일간 암수가 교대로 품는다고 한다. 우리나라 말고도 일본,

중국 등 여러 나라에 살고, 노르웨이에서는 바다가마우지를 신성하게 여긴다고 하니, 먼 바다에 나가 고기잡이하다 죽은 어부가 '가마우지 모습'을 띠고 고향 집을 찾는다고 믿는다는 것이다.

중국을 여러 번 갔었다. 계림(桂林) 등 강이 있는 곳에는 늘 보잘것없어 보이는 민물가마우지 서너 마리를 거느린 낯선 뱃사공을 거르지 않고 만난다. 헤벌쭉 입 벌리고, 겸연쩍은 웃음 띠며, 흿끗흿끗 쳐다보던 그 어부는 나중에 알고 보니 거기가 직장이고 그 일이 그 사람들의 천직이었다. '장사에는 목이 절반'이라 하듯이 명당 길목에서 여행객들에게 멋진 볼거리, '가마우지 사냥(cormorant fishing)'을 보여 주고 돈을 번다. 여름 땡볕이라 애처롭게도 가마우지들은 하나같이 입을 짝 벌리고 헐떡헐떡, 불룩한 허연 목 주머니를 쉬지 않고 벌렁거린다. 시원한 강물에서 자맥질하며 지내야 할 놈들이 무더운 땡볕 내리쬐는 거룻배 위에 묶여 있으니 그럴 만도 하다. 실제로 고기잡이를 밥벌이로 삼는 어부들도 있어서, 밤불을 훤히 지펴 놓고 '가마우지 잠수부'를 강에 풀어 놓고 물고기를 잡는다.

가마우지 사냥을 구경하겠다는 길손 여럿이 돈 주고 빌린 배를 타고 가마우지 있는 쪽으로 가까이 다가간다. 목소리 큰 여자 안내양이 중국말로 뭐라고 목청을 돋운다. 홀연히 여행객들이 조용해지면서 바짝 긴장한다. 여태 구시렁거리며 너스레 떨고 있던 남루한 차림의 뱃사공이 싱글벙글, 이내 굵은 통 대나무로 엮은 나룻배 위에 졸고 있는 가마우지 한 마리의 발목 밧줄을 풀고, 모가지를 쓱쓱 쓰다듬어 얼러 추스른 다음 강물에다 휙 던진다. 금세 물고기 있는 것을 낌새 챈 주인은 배를 슬슬 저으며 장대로 강물 등을 툭툭 치면서 물고기를 가마우지 쪽으로 몰이를 하며, 어서 잠수하라고 소리 질러 다그친다. 오랫동안 해 온 일이라 주인의 말을 척척 알아듣는다. 물구나무서서 물로 들어간 지 1분도 채 안 됐는데(보통 20~30초이고, 최고로 70초를 머물 수 있다 함) 어느 결에 물 위로 대가리를 쑥 밀고 올라온다. 야! 가마우지는 큰 붕어 허리춤을 덥석 물었다. 새가 머뭇거리는 사이에 주인이 잽싸게 장대를 뉘어 뻗어 천천히 새를 건져 올린다. 마수걸이라 더욱 신난다! 그 사람들은 가마우지를 소 한 마리와 안 바꾼다고 한다. 당당히 재산 목록 1호다! 거참, 낚시나 그물 없이 물고기를 잡다니!

뱃전에 오른 가마우지는 잡은 놈을 꿀꺽꿀꺽 삼키려고 목질을 해 보건만 느슨하게 쇠고리(loose metal ring)나 끈으로 가마우지 목을 조인 탓에 물고기는 목에 탁 걸리고 만다. 주인은 천연덕스럽게 녀석의 목줄기를 틀어쥐고 꽉 눌러 토해 낸 물고기를 빼앗아 치켜들고 득의만만(得意滿滿), 지켜보는 여행객에게 자랑스럽게 보여 준다. 박수갈채가 터져 나온다. 재주는 가마우지가 부리고 돈은 뱃사공이 번다. 새가 낚아챈 물고기를 사람이 가로채 가는 몹쓸 착취 행위를 보고, 민망하고 씁쓸한 마음 가눌 수 없었다. 수고했다고 주인은 잡아 놓은 작은 물고기 한 마리를 기꺼이 먹여 준다(목줄을 느슨하게 매었기에 작은 고기는 목으로 넘어감). 꾸짖고 어르고 달래는 '상과 벌'이 가르침(학습)인 것이니, 잘했다고 융숭하게 대접하는 것이다!

'하늘을 날고 싶은 가마우지'란 말은 사람이 지어낸 말이고, 어린 새끼 적부터 닦달하여 길들여진지라 그렇게 나부대지 않고 살 따름이다. 맹추같이 한평생을 개미 쳇바퀴 돌듯 살아가는 팍팍한 우리의 한살이와 뭐가 그리 다르겠는가. 일찌감치 병아리 때부터 닭장에 갇혀 산 닭은 어이없게도 닭장 문을 활짝 열어 줘도 나갈 줄을 모른다. 사람 손을 탄(길들여진) 동물은 사람에서 멀어지는 것이 되레 두려워 주인 곁을 지킨다.

그리고 앞의 이야기를 듣고 알아야 하는 '가마우지 경제'란 말이 있다. 한국은 부품·소재 산업이 취약하여 일본에서 주로 수입하는데, 완제품을 내다 팔아도 일본에게 실익을 빼앗기게 됨을 지적한 말로, "한국 경제는 양자강의 가마우지 같아서 목줄(부품·소재 산업)에 묶여 물고기(완제품)를 잡아도 곧바로 주인(일본)에게 토해 바치는 구조이다."라고 지적하였다. 멋진 비유다. 양자강의 가마우지 당신, 서둘러 다리의 밧줄을 자르고, 목의 쇠고리를 끊고 어서어서 뱃전에서 탈출하렷다!

잔챙이 송어,
산천어

맺음말을 먼저 본다. 속담에 "산천어 굽는 냄새에 나갔던 며느리도 되돌아온다."거나 "산천어 국은 둘이 먹다 셋이 죽어도 모른다."는 말이 있다. 그런데 마냥 의문으로 남는 것이 있었으니, 실제로 소하천(小河川)에서 산천어(山川魚) 보기가 어려운 실정인데 어디서 그 많은 산천어가 나기에 '산천어 축제', '산천어 방류'를 하고 '산천어 회'를 여기저기서 먹는 것일까? 그렇다. 송어 양식장에서 송어 알을 채란(採卵)하고 거기에다 수놈의 정액을 섞어 인공 수정·발생시켜 인공 먹이(사료)를 먹여키운 어린 송어를 '축제'에 쓰고 새끼 송어를 산골짜기 냇물에 뿌려 주니 '산천어 방류'요, 그것을 회로 떠 먹는다. 어린 송어가 산천어로 둔갑(遁甲)한 것이다.

산천어(river salmon, *Oncorhynchus masou masou*)는 연어목(目), 연어과(科), 연어

속(屬)(연어, 곱사연어, 송어 등이 듦)이며, 속명 '*Oncorhynchus*'의 onkos는 '갈고리(hook)'이고 rynchos는 '코(nose)'란 의미로 '갈고리 모양의 구부정하고 날카로운 턱'을 가졌음을 뜻하고, 종명인 *masou*는 일본 사람 이름인 듯하다. 산천어는 송어(trout, *Oncorhynchus masou*)의 치어(稚魚, troutlet) 일부가 바다에 내려가지 않고 강물에 갇혀 사는 '육봉형'(陸封型, land-locked type)으로 강의 상류로 올라가 평생을 산골짜기에 사는 놈들이다. 왜 그들이 그런 짓을 하는지 그 까닭을 아는 사람이 없으니…… 이렇게 자연계는 선뜻 이해하기 어려운 신비로움에 싸여 있다!

'산천(山川)'이란 '산과 내'를 아울러 이르는 말로, 개울에서 사는 고기가 산천어요, '얼음 나라 화천 산천어 축제'가 꽤 유명해진 것을 다 잘 안다. 산천어는 송어의 아종으로 친다. 쉽게 말해서 산천어와 '얼핏 비슷하지만 좀 다르다'는 것으로, 멸종 직전에 있는 '대만산천어(*O. m. formosanus*)'들도 송어의 아종이다. 도대체 '아종(亞種)'이란 말이 무엇인가? 다른 예로, 아시아에서 널리 사는 호랑이(범)도 지역에 따라서 몸집, 생김새, 성질들이 조금씩 달라서 벵갈호랑이, 시베리아호랑이 등 모두 9아종으로 나누며, 어느 생물이나 아종들은 같은 종인 탓에 서로 교잡(교배)한다. 참고로 산천어의 학명 '*Oncorhynchus masou masou*'는 속명, 종명, 아종명의 순서이며 이렇게 쓰는 것을 삼명법(三名法, trinominal nomenclature)이라 하고, 송어의 학명 '*Oncorhynchus masou*'처럼 속명과 종명만 쓰는 것을 이명법(二名法, binominal nomenclature)이라 하며, 학명(學名, scientific name)은 다른 것과 구별하기 위해 이탤릭체로 쓰기에 보다시피 글자들이 옆으로 조금 뉘어져 있다. 그리고 '亞種'의 '亞'는 '다음(sub)가는', '아래의', '제2의'란 뜻으로 종 다음(아래)에 붙인다는 뜻이다.

송어부터 보자. 송어(松魚, '소나무 물고기')라는 이름은 살색(肉色)이 불그레한 적송(赤松)을 닮아 붙은 것이고, 송어의 체색은 그들이 사는 환경·먹이에 따라 아주 다르니 주변의 환경과 맞추어서 자기 몸을 위장(camouflage)하기 위함이다. 사육한 것도 사료(먹이)에 따라 몸·살색이 다르다. 송어는 다른 연어 무리들이 그렇듯이 강에서 바다로 내려가는 강해형(降海型, ocean going)으로, 물이 깨끗하고 찬(섭씨 7~15도) 강의 최상류에 서식하는 냉수성 어류이다. 근데 우리나라에서는 마릿수가 얼마 안 되어 자연 상태에서 보기 어려우며, 오직 울진 이북의 동해로 유입되는 하천에 분포한다고 하며 일본, 북아메리카, 알래스카, 러시아 등지에도 산다. 송어의 측선(側線, 옆줄)은 몸 중앙 부위를 직선으로 지나며 상악(上顎, 위턱)은 '갈고리 모양'으로 앞으로 길게 돌출한다. 그리고 등지느러미와 꼬리지느러미 사이에 가시나 뼈가 없이 살로만 된 지방성인 꼬마 기름지느러미(adipose fin)가 있는 것이 특징으로 은어, 송어, 연어 등에서만 볼 수 있다.

이렇게 강에서 살다가 바다로, 바다에서 다 자라 다시 강으로 오는 회귀성 어류(回歸性魚類, homing fish)들이 저장액인 강물과 고장액인 바닷물을 거침새 없이 들락거리는 것이 그리 쉬운 일이 아니다. 하여, 대뜸 들고 나지 않고 두 물이 섞이는 기수(汽水, brackish water) 지역에서 한 달포

어슬렁거리면서 찬찬히 농도 차에 적응한 후에 바다나 강으로 넘나든다. 아무튼 보통 물고기는 생각도 할 수 없는 극악의 조건을 억세게 이겨 견디는 것이 정말 대단하다! 민물고기를 바다에, 바닷고기를 민물에 풍당 바로 집어넣었다고 생각해 보라. 날벼락이 따로 없지.

다음은 산천어 이야기다. 송어 자어(子魚) 중 일부가 어처구니없게도 바다로 내려가지 않고 어깃장을 놓으니, 생뚱맞고 뜬금없게도 슬며시 산간 계곡으로 내처 역주행하는 '애송이' 또래들이 바로 산천어다. 녀석들의 튀는 행동을 당최 알다가도 모를 일이다. 대관절 왜? 본디 안 가 본 길은 낯설고, 서툴고 두려운 법이지. 탁 트인 막막한 바다가 덜컥 겁이 났던 게지. 새색시같이 아리따운 맵시를 한 산천어는 '계곡의 여왕'이며, 물이 맑은 곳에 사는 물고기가 다 그러하듯 산천어도 날개 단 듯 행동이 재빠르고 경계심이 매우 강하다. 그리고 산천어는 몸의 옆면(체측)에 타원형인 큰 무늬가 8~12개가 있으니 이것을 파 무늬(Parr mark)라 하며, 일생 동안 가지고 있다는 것이 다른 연어과 어류와는 다른 특징이다.

다소 깊은 웅덩이 또는 바위 그늘이 있는 모래나 자갈밭에서 사는데, 산천어의 99퍼센트가 수컷이라 한다. 우글우글 바다에서 운 좋게 (먹히지 않고) 올라온 암컷들이 강에서 자란 수컷들을 만나면 산란을 시작한다. 바다에서 그러구러 3~4년간 쑥쑥 자라 기어코 강으로 되돌아온 살결 번지르르한 암컷이 2,500여 개의 알을 잇달아 산란하면 이어서 수컷이 방정(放精, spray the sperms)을 하고 곧바로 자갈과 모래로 수정란을 덮는다. 그러고 안타깝게도 어미 아비는 끝내 초주검이 되어 그 자리에서 일생을 마감한다. 수정란은 섭씨 8도의 수온에서 60일 정도 경과하면 부화하여 1~3년간 강에 머물면서 훌쩍 10센티미터 정도로 큰다음 무리 지어 바다로 내려간다. 어쨌거나 이들도 연어처럼 바다에서 성숙한 후에 갈팡질팡 엇길로 가지 않고 어김없이 한달음에 자기가 태어난 모천(母川)으로 한사코 돌아오니, 이 같은 모천회귀 본능은 연어 무리가 억겁의 세월을 부대끼며 이어 온 희한하고 신통한 습성(habit)이다.

다시 말하지만 송어와 산천어는 생리·생태적으로 꽤나 다르지만 서로 교잡이 가능하므로 별종(다른 종)이 아니고 에누리 없이 같은 종이다! 제 안태본(安胎本)인 강을 꿰고 있어 바다에서 막 거슬러 소강(遡江)해 온 송어들은 하나같이 은빛인 반면에, 유전적으로 같은 종이면서도 계곡물에서 살아온 산천어들은 수명은 2~3년, 무게가 200~600그램으로 바다에서 자란 송어와 천양지차로 덩치(길이)가 3분의 1에 지나지 않는 조무래기며 때깔도 좋지 못하다. 이렇게 둘을 견주어 보면 '가릴 수 없는 세월의 흔적'이 보인다. 수컷은 시답잖고 허접한 정자를 만들기에 먹이가 적은 강에 살아 배를 곯아도 되지만 양분과 에너지가 많이 드는 알을 만드는 암컷은 기필코 먹을거리가 풍부한 바다로 내려가야 한다. 큰물에 놀라고 했지! 산천어는 저질인 영 보잘것없는 시시한 파리, 하루살이 따위들을 먹고 살아 깜냥이 안 되는 '몸짱'이지만 송어는 바다에 잔뜩 널린 맛 좋은 새우(갑각류)들을 한껏 배불리 먹어 '몸짱'이 된다. 얼간이 산천어가 잡초가 무성하고 거친 땅인 푸서리라면 바'

다를 다녀온 송어는 기름진 땅인 옥토인 셈이다! 사람도 뭘 먹는지에 따라 건강이 딴판이 된다고 한다. 영어로는 "You are what you eat!"라 하며, '음식은 항체(food is antibody itself)'라고 하니 '음식에 건강의 해답'이 들었다!

　무지개송어(rainbow trout, *O. mykiss*)란 말을 자주 들었다. 북아메리카나 캄차카 반도 등의 강의 상류나 산속의 호수 등에 사는 육봉종으로 이 물고기는 특별히 산란기에 고운 혼인색(婚姻色, nuptial coloration)인 무지갯빛을 띠므로 무지개송어라고 한다. 우리가 먹는 '송어'도 주로 이것이다. 성장이 빠르고 번식력이 강하며 맛도 좋아 양식 물고기로 대접을 받으며, 육질이 연어(salmon)와 썩 비슷하여 서양에서는 연어로 눈을 속여 파는 수도 있다 한다. 암튼 산천어는 송어 수놈이 강물에서 자란 잔챙이 송어다!

소나무와 청개구리,
생물의 겨울나기

살을 에는 이 혹한에 온 생명들이 얼어 죽어 나갈 것 같은데도, 온 힘을 다해 끈질기게 버티고 있는 것을 보니 참으로 기특하고 용하다. 대나무, 소나무, 매화나무 셋을 동양에서는 세한삼우(歲寒三友)라 한다. 세한삼우 중 소나무, 대나무는 어찌하여 겨우내 얼어 죽지 않고 흰 눈을 즐기듯 저렇게 푸르름을 뽐낼 수 있단 말인가.

어디 식물뿐인가. 뱀, 개구리는 말할 것 없고 물고기도 몸서리치는 겨울 보내기에 있는 힘을 다한다. 겨우살이란 사람도 그렇지만 어느 생물에게나 힘든 일이다. 그러나 몹시 아리고 추운 엄동설한이 있기에 우리는 봄의 따스함을 느낀다. 쫄쫄 배곯는 삶을 살아 보지 않고 어찌 배부름의 고마움을 알겠는가. 누가 뭐라 해도 봄 매화의 짙은 향은 차디찬 아픈 겨울을 머금은 탓이다. 나무나 사람이나 시달리면서 더욱

강인해진다.

소나무도 한겨울, 섭씨 영하 18도가 넘는 매서운 찬 기운에 잎사귀가 쇠꼬챙이같이 꽁꽁 얼어 빳빳이 굳는다. 무거운 눈가루 한가득 뒤집어써 허리가 휘청거리는데, 바람이 불어 줄기를 뒤흔들어 대니 죽을 맛일 것이다. 참고로, 소나무가 늘 짙푸르게 보이는 것은 지난해(두 해짜리) 늙은 잎이 늦가을에 떨어지고 올 봄에 난 새잎이 그대로 붙어 있는 탓이다. 어느 상록수나 다 잎이 진다.

한데, 땅 위에 우뚝 서 있는 줄기와 솔잎을 모조리 잘라 더한(합친) 무게와 땅속의 뿌리를 송두리째 파서 달아 보면 두 무게가 거의 맞먹는다고 한다. 그래서 식물의 뿌리를 '숨겨진 반쪽', '물에 비친 나무 그림자'라 한다. 서 있는 나무와 땅의 뿌리가 너무나 서로 빼닮아 '거울에 비친 그림(mirror image)'이 된다 한다. 뿌리 이야기를 덧붙이면, 커다란 아까시나무 한 그루가 거침없이 500미터까지 뿌리를 뻗는다고 한다. 더 놀라운 것은, 14주가 된 옥수수 한 포기의 뿌리가 깊이 6미터까지 파고들었고, 뻗은 면적의 반지름이 5미터를 넘었으며, 또 다 자란 호밀 한 포기의 뿌리를 모두 모아 일일이 이으니 623킬로미터나 되고, 표면적은 639제곱미터가 되더라고 한다. 놀랍다! 그런데, 저 의젓하고 듬직한 소나무의 뿌리는 또 얼마나 추울까? 다행스럽게도 그렇지 않다. 숲에는 가랑잎이 켜켜이 쌓여 추위막이가 되어 주니 발이 시리지 않고, 소나무의 밑둥은 용(龍) 비늘 같은 굵은 껍데기들이 겹겹이 에워싸고 있어 견딜 만하다.

하지만, 나무 꼭대기의 가녀린 잎은 추위를 막아 줄 것이 없다. 그러나, 나름대로 추위를 견디는 방법이 있다. 기온이 떨어지면 이들 나무의 세포에는 프롤린(proline)이나 베타인(betaine) 같은 아미노산은 물론이고 수크로오스(sucrose) 따위의 당분이 늘어나면서 얼음 핵이 생기는 것을 억제한다. 이런 물질들이 바로 '항결빙(抗結氷)' 물질로 자동차의 부동액인 셈이다. 나무들은 겨울을 미리 준비한다. 늦가을에 접어들면서 일찌감치 이런 부동액을 세포에 비축하여 겨울을 대비하니 이를 '담금질(hardening, '야물어짐')'이라 한다. 담금질이 일어나지 않은 상태에서 갑자기 날씨가 추워지면 숲이 동해(凍害)를 입는다. 이제야 무서리가 내리고 눈발이 흩날릴 때까지 가을배추를 뽑지 않고 오래오래 얼리는 까닭을 알겠다. 날이 추워질수록 많은 부동액이 비축되는 까닭이다. 이 부동액이 사람에게는 영양분이 된다.

이런 항결빙 물질, 즉 부동액 덕분에 솔잎 세포의 내부, 세포질에는 얼음 결정이 잘 생기지 않고, 생겨도 아주 작아서 세포에 크게 해를 끼치지 않는다. 세포와 세포 사이의 틈새, 즉 세포 간극에만 주로 결빙(結氷)이 된다. 이 세포 간극에 생긴 얼음 핵이 더 큰 얼음덩이를 형성키 위해 세포 속의 물을 빨아내니, 세포액의 농도가 짙어져서 빙점(氷點)이 낮아진다. 그래서 세포가 얼어 터지지 않는다. 게다가 식물의 세포벽은 딱딱한 셀룰로오스, 리그닌, 펙틴들이 주성분이라 여간해서 깨지지 않는다. 더러운 물은 깨끗한 물보다 잘 얼지 않는다. 물이 더럽다는 것은 다른 유기물 용질이 많이 물에 녹아 있다는 것이다. 마찬가지로 식물 세포에도 여러 용질의 농도가 짙어져서 세포가 얼지 않는다. 저온에 대한 순응인 것이다.

이 얼음 어는 추위에 청개구리는 어떻게 겨울나기를 하고 있을까? 청개구리는 우리나라 들녘에 살고 있는 양서류 17종 중에서 홀로 나무에 산다. 보통 개구리는 앞다리에 발가락이 4개, 뒷다리에는 5개가 있고 뒷발가락 사이에 물갈퀴가 있다. 하지만, 청개구리는 나무에 주로 살아 헤엄칠 필요가 없다. 발가락의 물갈퀴가 퇴화해 없어지고, 대신 아무 데나 착착 잘 달라붙게 발가락 끝에 혹같이 생긴 흡반(吸盤, pad)이 생겨났다. 얼마나 무서운 적응(適應)인가! 필요 없는 것은 눈 딱 감고 싹 다 내버려 버리고 쓸모 있는 것은 무슨 수를 써서도 얻는다.

송곳 바람이 불면 물개구리는 잘 얼지 않는 냇물의 바위 밑에서, 참개구리는 땅굴 속에서 떼 지어서 추운 겨울을 보내는데, 바보(?) 청개구리는 안타깝게도 홑이불에 지나지 않는 가랑잎 덤불 속에 땡땡 얼음이 되어 고된 겨울과 겨룬다. 낙엽 속에 꽁꽁 얼어붙어 버린 '냉동 청개구리'는 죽은 시체나 다름없다. 연두색 몸도 탈색되어 거무죽죽해지고 돌덩어리처럼 빳빳하게 굳어 있어 잡아 건드려 보아도 꿈쩍 않는다. 심장과 대동맥 언저리에만 피가 돌고, 몸속의 물의 65퍼센트 정도가 얼어 버린 상태이다. 생명만 간신히 부지하고 있는 앙상한 청개구리다. 불쌍한 청개구리는 왜 하필이면 살기 힘든 한반도에 태어났단 말인가. 우리나라에 사는 모든 양서류를 합쳐 봐야 열대 지방의 큰 나무 한 그루에 사는 종의 수(種數)에 지나지 않는다고 한다.

청개구리들도 가을에 벌레를 많이 잡아먹어서 몸 안에 글리세롤 (glycerol) 같은 지방 성분을 가득히 비축해 놓아, 그런 지방 성분을 써서 열을 내기에 심장이나마 살아 있는 것이다. 하지만, 불쌍한 청개구리도 다 꿍꿍이속이 있다. 목숨을 유지하는 데 필요한 최소한의 에너지를 기초 대사량(基礎代謝量)이라고 한다. 평소의 기초 대사량 이하로 대사를 왕창 낮춰 양분의 손실을 엄청나게 줄이자는 것이 겨울잠을 자는 까닭이다. 청개구리의 몸이 영하로 내려가면 물질대사가 거의 정지 상태에 접어들어 몸에 저장한 양분의 소모가 적어진다. 어떡하든 영양분을 적게 소비하겠다고 추위를 마다 않고, 외려 즐겁게(?) 지내고 있는 것이다.

한편 남극의 차가운 물속에 사는 '얼음물고기(*Trematomus sp.*)'는 보통 생물들이 부동액으로 쓰는 포도당이나 글리세롤 외에, 소르비톨 (sorbitol)이나 특수 당단백질(糖蛋白質, glycoprotein)을 이용하기에 바닷물이 얼기 직전 온도인 섭씨 영하 1.8도에서도 끄덕 않고 산다. 나무나 여러 변온 동물들이 그 모진 겨울 추위를 이겨 내는 것은 바로 이런 부동액이란 신비로운 장치 덕이다. 어쨌거나 겨울이 깊으면 봄도 머지않다 하니, 소나무가 푸름을 되찾고 청개구리들이 발딱발딱 뛰노는 포근한 봄이 오겠지.

자연과 인간 16

생명 교향곡

1판 1쇄 펴냄 2013년 5월 6일
1판 2쇄 펴냄 2013년 12월 18일

지은이 권오길
펴낸이 박상준
펴낸곳 (주)사이언스북스

출판등록 1997. 3. 24.(제16-1444호)
(135-887) 서울시 강남구 신사동 506 강남출판문화센터
대표전화 515-2000, 팩시밀리 515-2007
편집부 517-4263, 팩시밀리 514-2329
www.sciencebooks.co.kr

ⓒ권오길, 2013. Printed in Seoul, Korea.

ISBN 978-89-8371-604-0 04470
ISBN 978-89-8371-525-8(세트)